カラー版

10分で読める

わくわく科学

荒俣 宏 監修

小学1・2年

理科がだいすきになる

50のふしぎ

子《こ》どもは みんな 科学《かがく》しゃ なんだ!

荒俣《あらまた》 宏《ひろし》 先生《せんせい》から

子《こ》どもは　みんな、生《う》まれた
ときから　科学《かがく》しゃなんじゃ
ないのかな。きみは
おもしろい　こと、おどろく　こと、
ふしぎな　ことに　ぶつかって、先生《せんせい》や　お父《とう》さん、
お母《かあ》さんに「なぜなの?」と、聞《き》いて　いませんか?
それが、科学《かがく》の　はじまりなんだ。
じつは、ぼくも　知《し》りたがりの　子《こ》どもだった。
わが家《や》の　ネコに　手《て》を　なめられると、

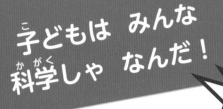

ざらざらするのが　ふしぎでね、「なぜなの？」と、
先生《せんせい》に　聞《き》いたら、先生《せんせい》も　わからなかったんだ。
それで、自分《じぶん》で　本《ほん》を　読《よ》んだら、答《こた》えが　わかった。
すごく　うれしくて、本《ほん》も　大《だい》すきに　なったよ。

これは、そういう　科学《かがく》の　おもしろさが　とても
よく　わかる　本《ほん》だ。
なんでも　くわしく　書《か》いて　ある。もちろん、
ネコの　したの「ひみつ」もね！
この　せかいは　ふしぎだらけなんだ。

もくじ

からだの ふしぎ

どうぶつの ふしぎ

もくじ

しょくぶつ・こん虫《ちゅう》の ふしぎ

地《ち》きゅう・うちゅうの ふしぎ

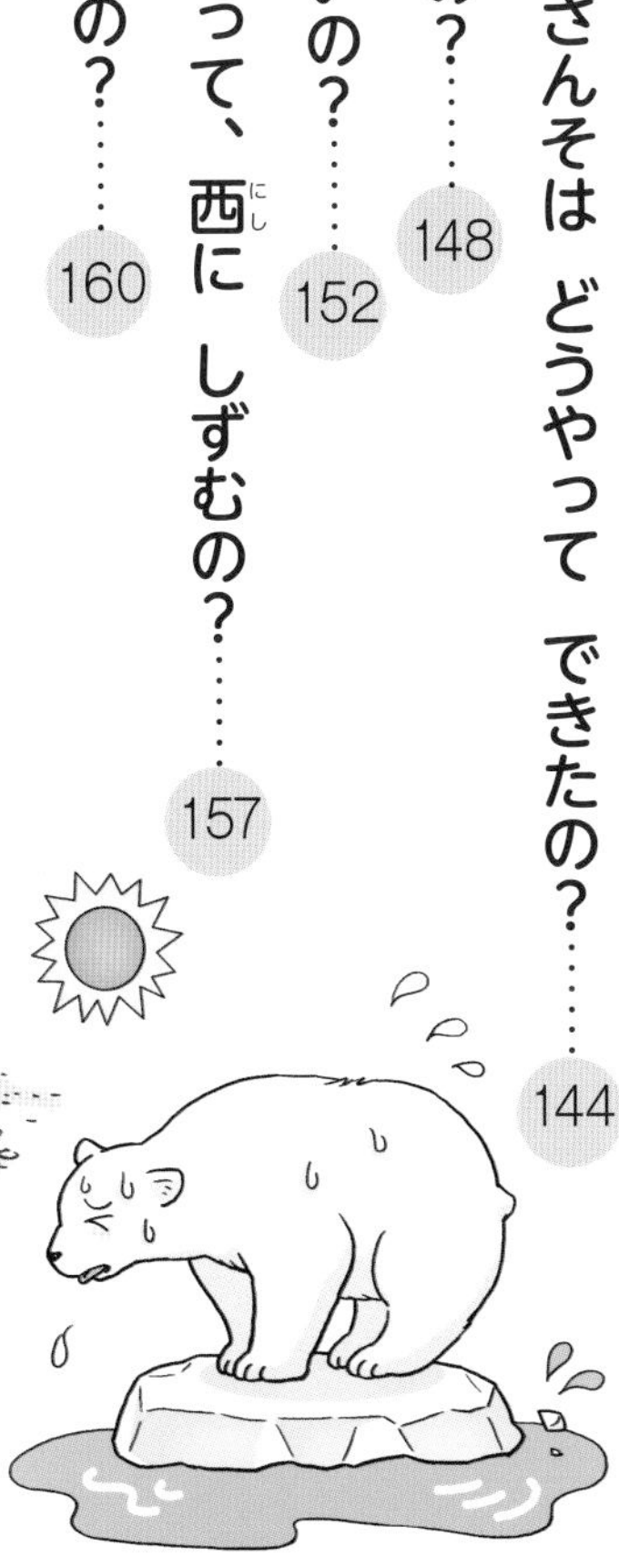

もくじ

みぢかな ふしぎ

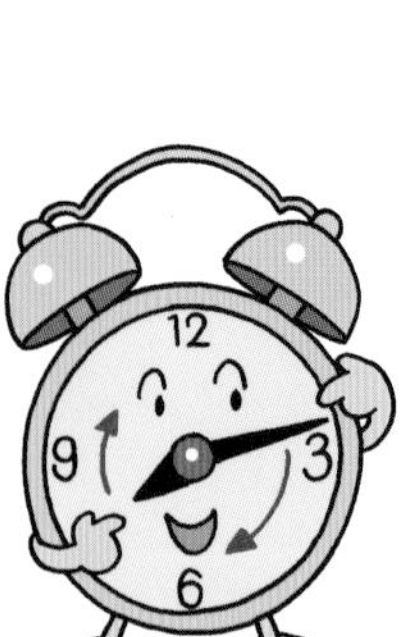

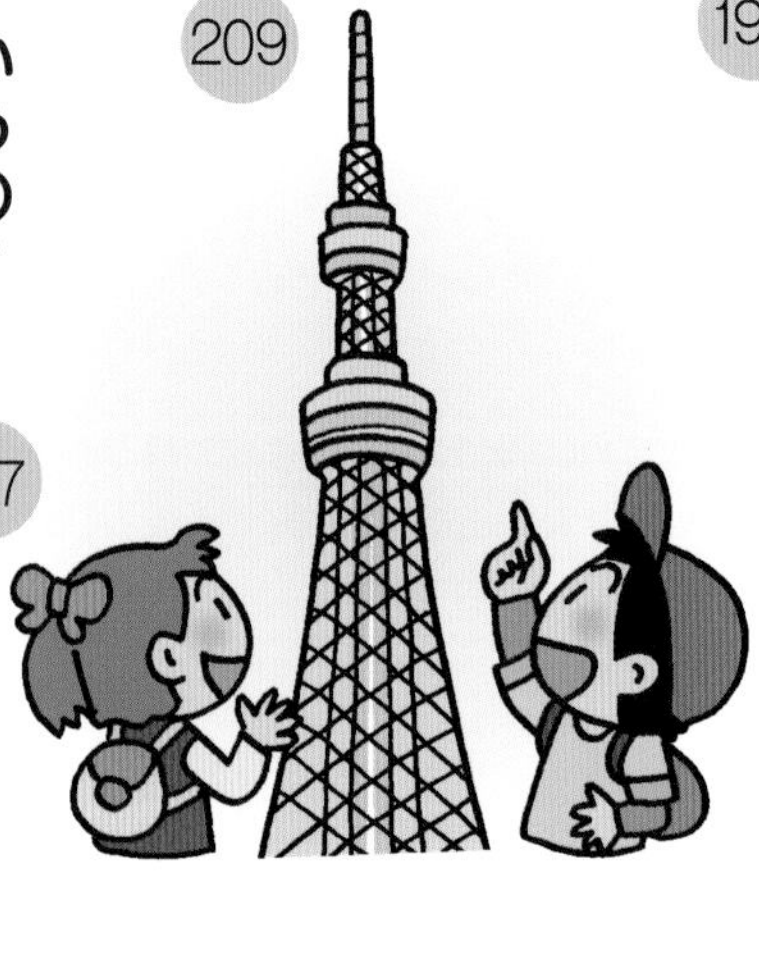

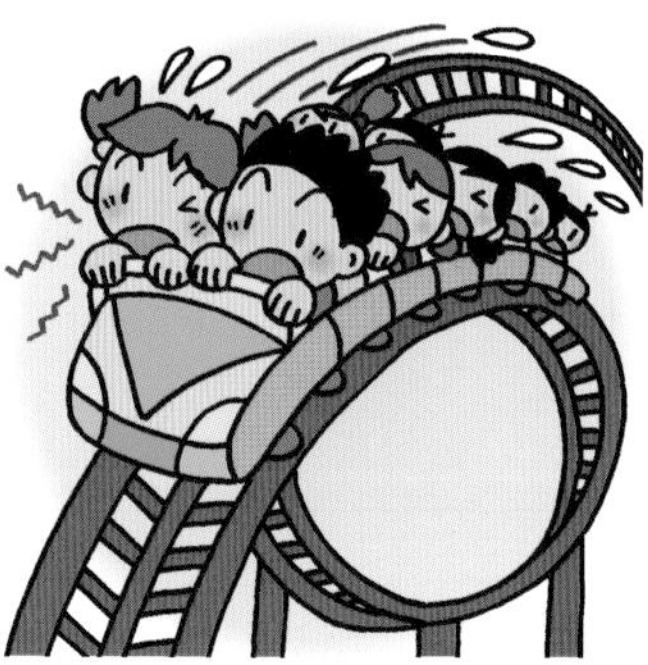

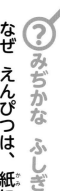

からだの
ふしぎ

イラスト／YUU

子《こ》どもの　歯《は》が　ぬけて、大人《おとな》の　歯《は》に　なるのは　なぜ？

みなさんの　歯《は》は、もう　生《は》えかわりましたか？　子《こ》どもの　歯《は》は、六《ろく》さいくらいから　ぬけます。ぬけた　あとは、大人《おとな》の　歯《は》が　生《は》えて　きますよ。歯《は》が　生《は》えかわるのは、みなさんの　からだが、どんどん　大《おお》きく　なって　いる　しょうこです。

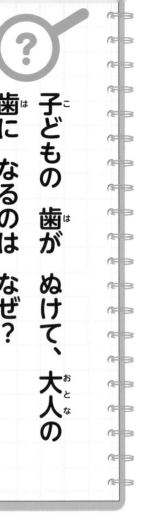

歯《は》は、生《う》まれて　六《ろっ》か月《げつ》くらいから　生《は》えて　きて、二《に》さいから　三《さん》さいくらいで　そろいます。この　歯《は》を、「乳歯《にゅうし》」と　いいます。ぜんぶで　二十本《にじっぽん》　あります。

三《さん》さいでは、まだ　からだは　とても　小《ちい》さいですよね。乳歯《にゅうし》は、小《ちい》さな　子《こ》どもの　あごに　ぴったりと　はまるように、小《ちい》さな　歯《は》なのです。

・せが　のびて、からだが　大《おお》きく　なると、あごも　ずっと　大《おお》きく　なります。小《ちい》さな　乳歯《にゅうし》では、大《おお》きな

あごに　合《あ》いません。
だから、ぬけて　大人《おとな》の
大《おお》きな　歯《は》に　かわるのです。
大人《おとな》の　歯《は》を　「永久歯《えいきゅうし》」と
いいます。乳歯《にゅうし》の　下《した》には、
永久歯《えいきゅうし》が　用《よう》いされて　います。
乳歯《にゅうし》が　ぬけたら、永久歯《えいきゅうし》が
出《で》て　くるのです。

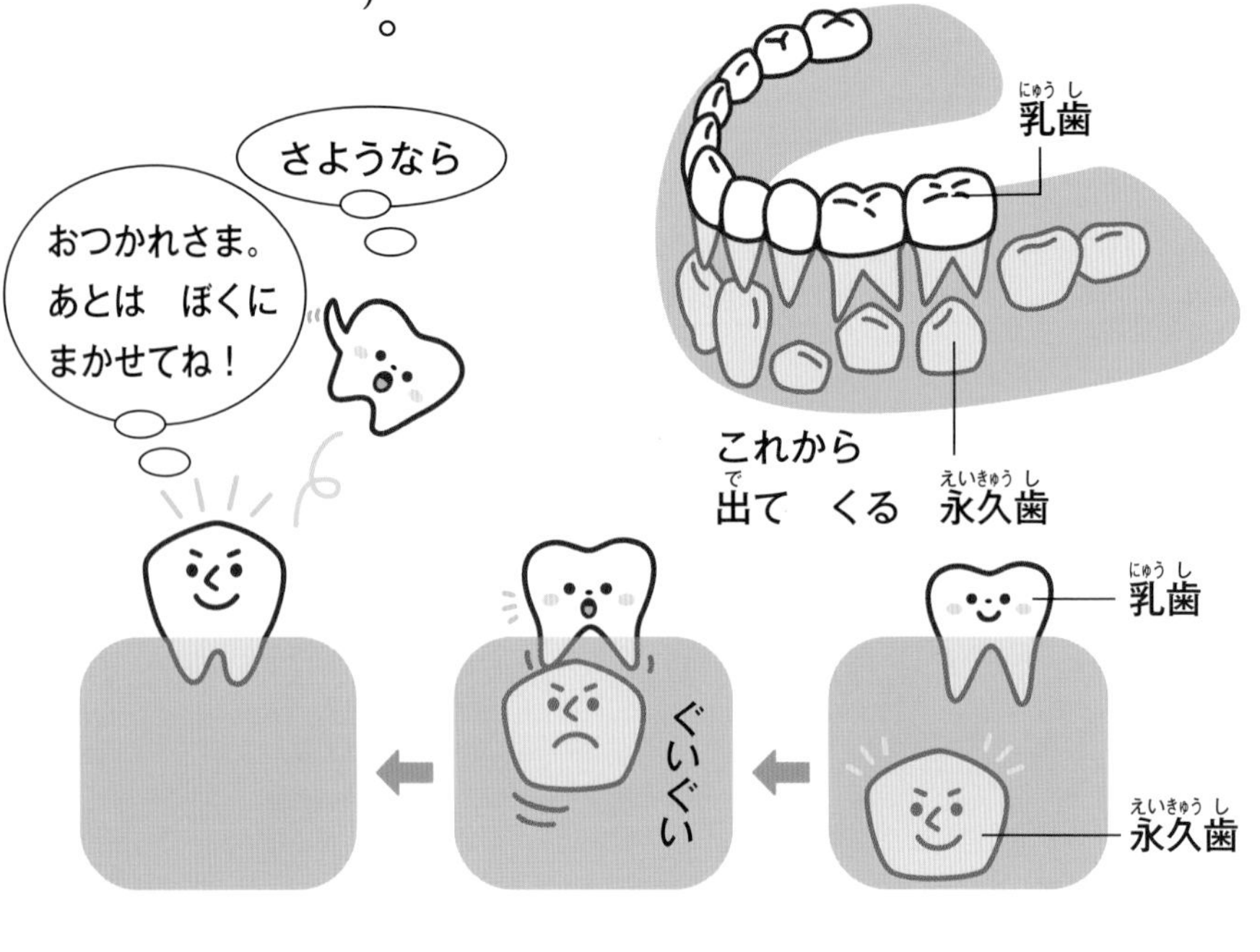
乳歯《にゅうし》
これから
出《で》て　くる　永久歯《えいきゅうし》
乳歯《にゅうし》
永久歯《えいきゅうし》
ぐいぐい
さようなら
おつかれさま。
あとは　ぼくに
まかせてね！

大人《おとな》の　あごは　大《おお》きいので、
二十本《にじっぽん》の　歯《は》では　足《た》りません。
今《いま》までの　おく歯《ば》の　さらに
おくに、がっちりと　した　おく歯《ば》が
上《うわ》あごと　下《した》あごの　左右《さゆう》に
三本《さんぼん》ずつ　生《は》えます。
これは、かたい　ものでも
すりつぶせる　歯《は》です。

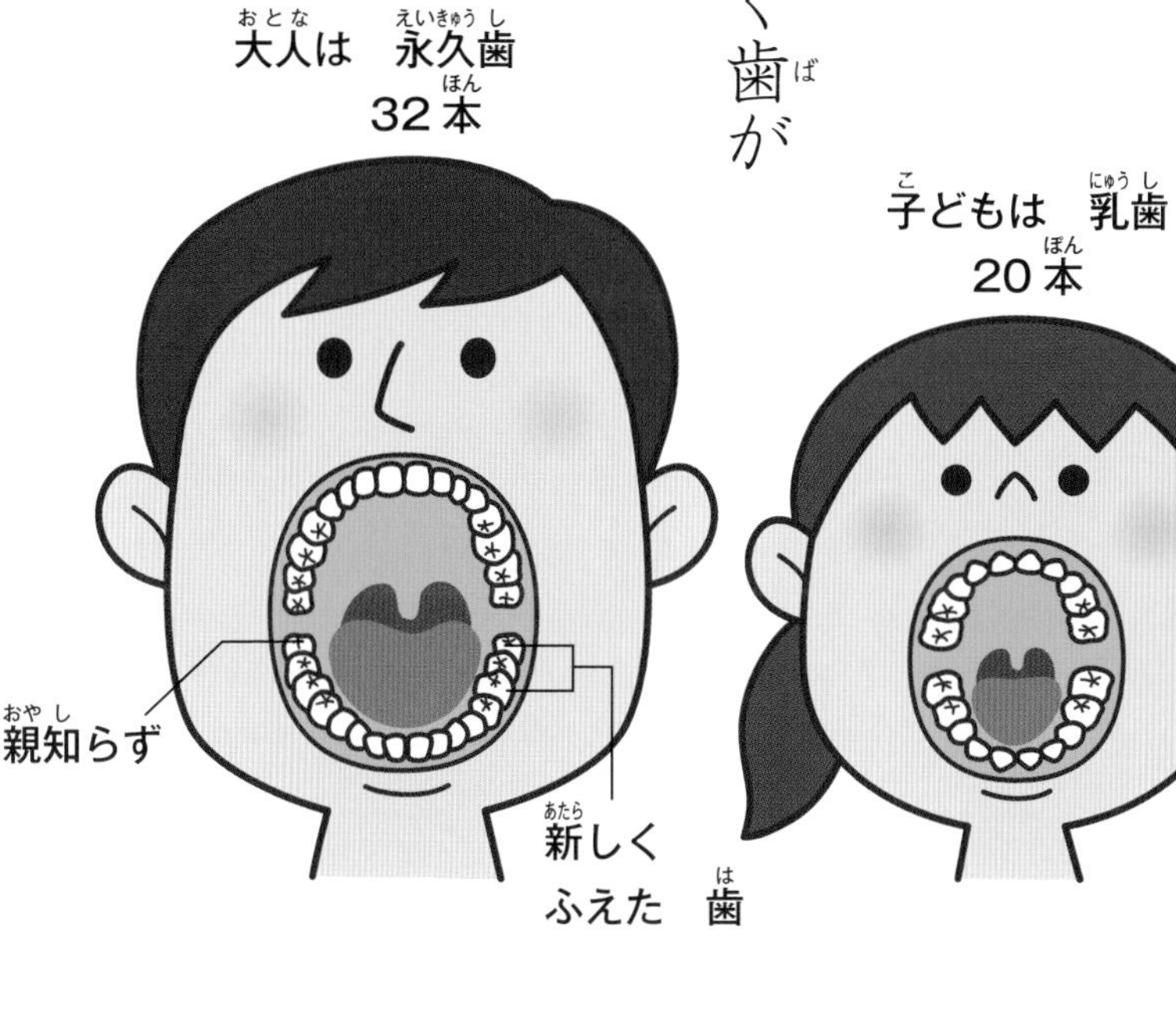
大人《おとな》は　永久歯《えいきゅうし》
32本《ほん》
子《こ》どもは　乳歯《にゅうし》
20本《ほん》
親知《おやし》らず
新《あたら》しく
ふえた　歯《は》

でも　いちばん　おくの　歯《は》は、親《おや》知《し》らずと　いって、
生《は》えて　こない　ことも　あります。
永久歯《えいきゅうし》は、親《おや》知《し》らずを　入《い》れて
三十二本《さんじゅうにほん》。もう、新《あたら》しい　歯《は》は
生《は》えて　きません。
虫歯《むしば》に　ならないように、ごはんを
食《た》べたら、しっかりと　歯《は》みがきを
しましょう。

どうして あつい 日《ひ》には あせが 出《で》るの？

あつい 日《ひ》は、からだの あちこちから あせが 出《で》ますね。あせって、どうして 出《で》て くるのでしょうか？

お日《ひ》さまに ギラギラと てらされて いる 車《くるま》に さわった ことが ありますか？ ものすごく あつく なって いますよね。わたしたちも、ずっと お日《ひ》さまに

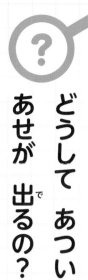

当《あ》たって　いたら、どんどん　あつく　なって、しまいそうです。

でも、わたしたちの　からだでは、エアコンのような　しくみが　はたらきます。おんどが　上《あ》がって　きたら　下《さ》げて　くれるし、下《さ》がって　きたら、上《あ》げて　くれます。

あせは、おんどを　下《さ》げる　しくみの　ひとつです。からだの　外《そと》に　出《で》た　あせは、しぜんに　かわきます。その　ときに、からだの　おんどを　下《さ》げて　くれるのです。

夏《なつ》の　あつい　日《ひ》に、道《どう》ろに　水《みず》を　まくのと　同《おな》じです。水《みず》が　かわく　ときに、少《すこ》し　すずしく　なりますね。あせを　かく　ためには、水《みず》が　ひつようです。夏《なつ》の　昼間《ひるま》に　外《そと》で　あそぶ　ときには、しっかりと　水《みず》を　のみましょう。

ひふ
（はだ）
あせを
つくる
ところ
体《たい》おんが
上《あ》がって
きたぞ
あせ
あせを　出《だ》して
体《たい》おんを
下《さ》げよう

日《ひ》やけを　すると、どうして　はだが　黒《くろ》く　なるの？

夏《なつ》に　プールに　行《い》くと、日《ひ》やけして　はだ（ひふ）が黒《くろ》く　なりますね。どうして、黒《くろ》く　なるのでしょうか？からだの　いちばん　外《そと》がわを　まもって　いるのは、ひふです。お日《ひ》さまの　光《ひかり》を　あびると、ひふの　中《なか》に、メラニンと　いう　つぶが　できます。メラニンは、黒《くろ》い

色《いろ》を　して　います。だから、メラニンが　いっぱい
できると、ひふが　黒《くろ》く　見《み》えるのです。
どうして、メラニンが　できるのでしょうか？　お日《ひ》さまの
光《ひかり》の　中《なか》には、たくさん　あびると　からだに　あまり
よくない　し外線《がいせん》と　いう　光《ひかり》が　あります。メラニンには、
し外線《がいせん》を　すいとる　力《ちから》が　あります。お日《ひ》さまに　長《なが》い
時間《じかん》　当《あ》たって　いると、メラニンが　ふえて、からだに
たくさんの　し外線《がいせん》が　入《はい》って　こないように　すいとって

くれるのです。
一《いっ》か月《げつ》くらい　たつと、日《ひ》やけの
あとは　きえますね。古《ふる》い　ひふは、
外《そと》がわから、おちて　いきます。
メラニンが　できた　ひふも、
新《あたら》しい　ひふに　かわるのです。
日《ひ》やけして　かわが　むけるのは、
いちばん　外《そと》がわの　ひふが、

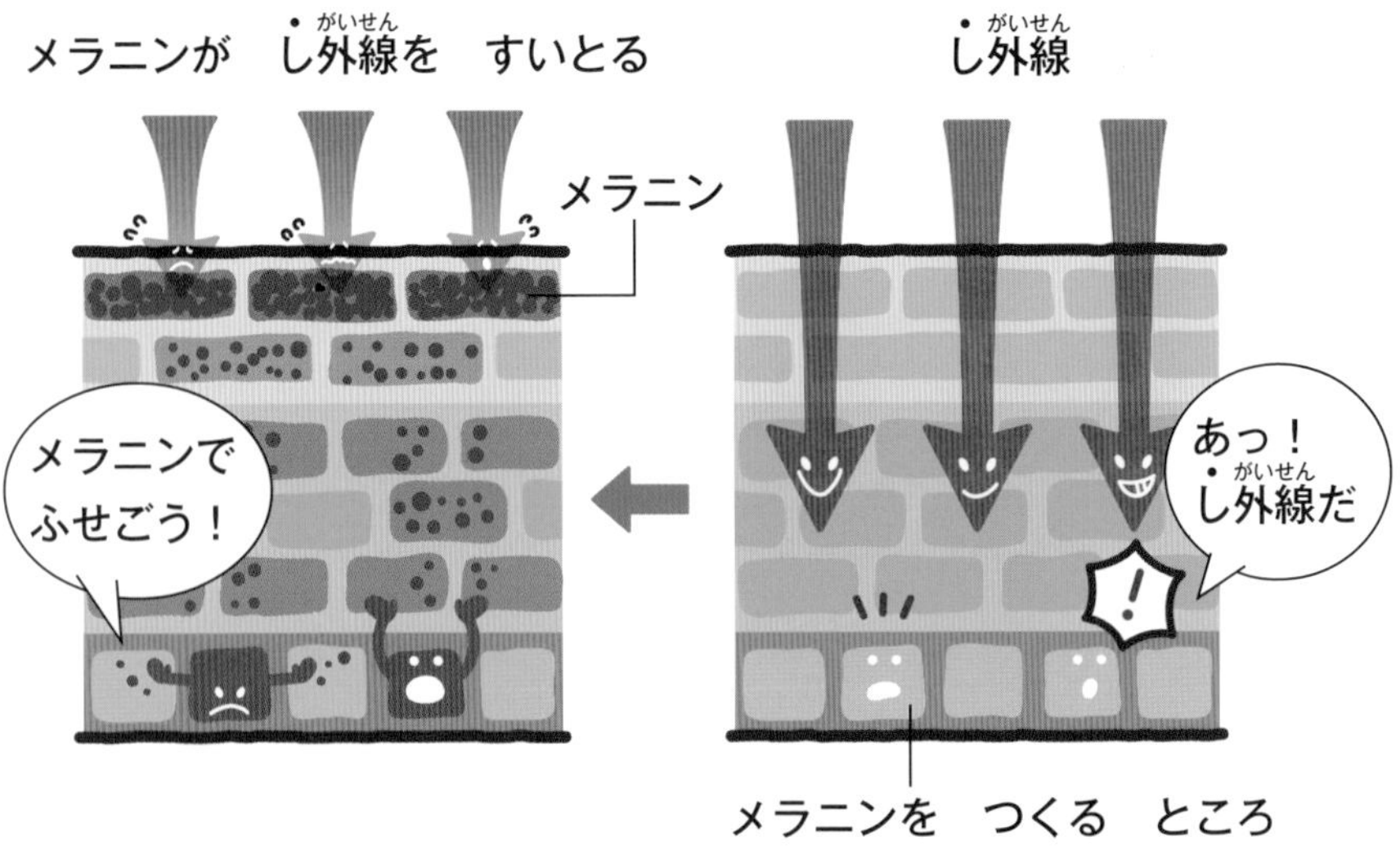

し外線《がいせん》
あっ！
し外線《がいせん》だ
メラニンを　つくる　ところ
メラニンが　し外線《がいせん》を　すいとる
メラニン
メラニンで
ふせごう！

からからに　かわいて　しんで　しまったのです。
し外線《がいせん》は　からだに　わるいだけでは　ありません。
ほねを　強《つよ》く　して　くれる　はたらきも　あります。
お日《ひ》さまには、当《あ》たった　ほうが　よいのです。
だから、ぼうしを　かぶったり、
日《ひ》かげに　入《はい》ったりしながら、
日《ひ》やけを　しすぎないように
ちゅういして、外《そと》で　あそびましょう。

なぜ　カに　さされると、赤《あか》く　はれて　かゆく　なるの？

「カに　ささ れちゃった！　かゆーい！」。夏《なつ》に　なると、毎日《まいにち》のように　カが　ブーンと　とんで　きます。カの　口《くち》は、はりのように　とがって　います。それを　わたしたちの　ひふに、ブスッと　つきさします。とがった　口《くち》は、ひふの　中《なか》の　血《けっ》かんまで　ささります。カは、

ストローで ジュースを のむように、
血《けっ》かんから 血《ち》を すうのです。
でも、血《けっ》かんから 出《で》た 血《ち》は、
かたまって しまう せいしつが
あります。かたまった 血《ち》では、
カも すえません。そこで、カは
血《ち》を かためない ための
とくべつな だえきを ひふの 中《なか》に

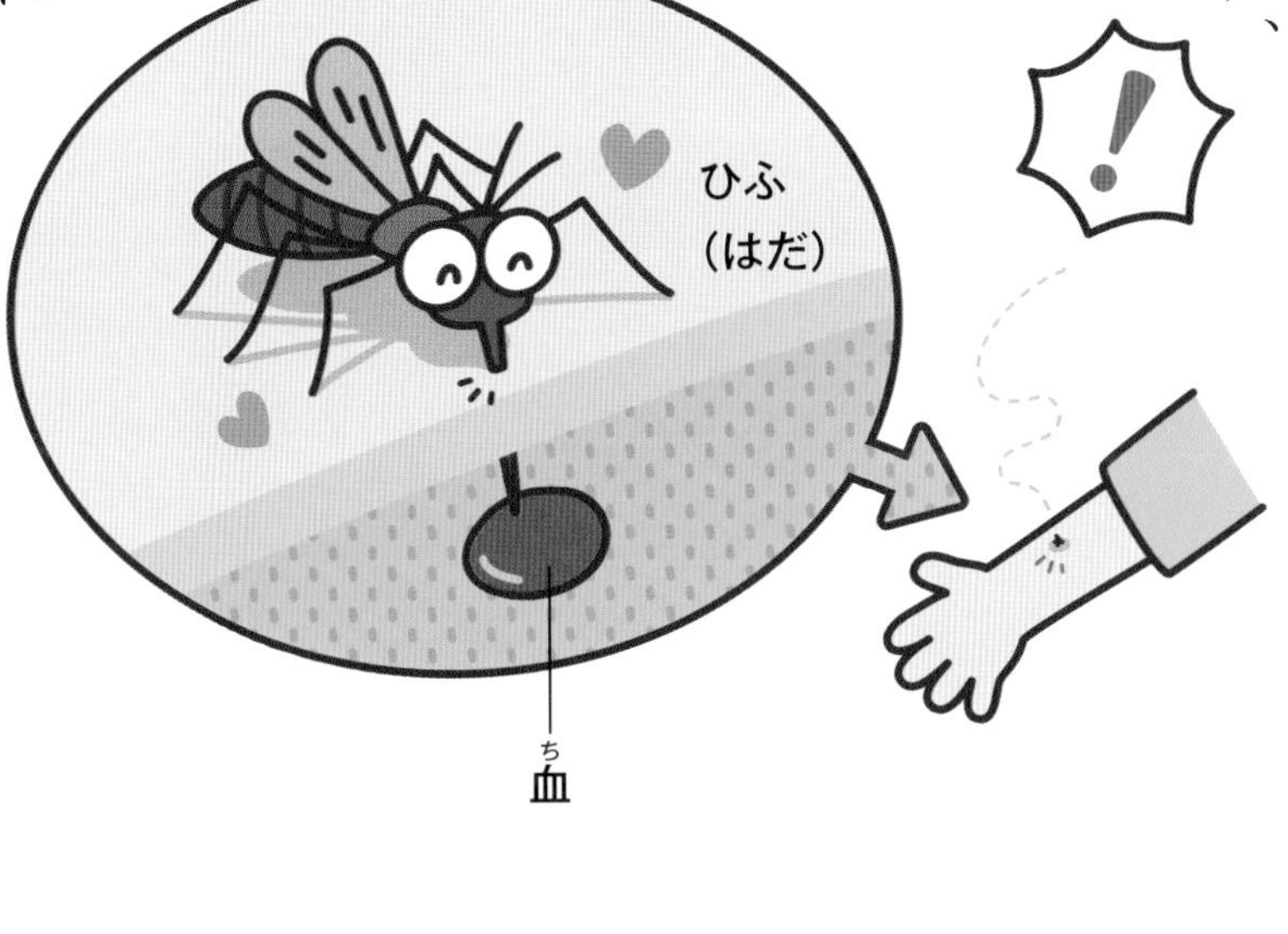

ちゅうしゃして　いるのです。

しかし、わたしたちの　からだには、あやしい　ものを　やっつける　ぶっしつが　あります。この　ぶっしつが、力の　だえきと　いう　あやしい　ものを　こうげきすると、そこの　ひふは　赤《あか》く　なって、かゆく　なるのです。

でも、どうして　力は、わたしたちの　血《ち》を　すうのでしょうか？

血《ち》を　すうのは、メスの　力だけです。

メスは、たまごを　うむ　ために、
えいようが　いっぱい　ひつようです。
だから、血《ち》を　すって、えいように
して　いるのです。

わたしたちを　こまらせようと
思《おも》って　さすのでは　ありませんよ。
でも　さされないように　気《き》を
つけましょう。

どうして　おならが　出《で》るの？

おならを　しちゃった！　音《おと》が　聞《き》こえちゃったかな？　くさかったかな？　はずかしいのに、どうして　おならは、出《で》るのでしょう。

わたしたちは　ごはんを　食《た》べる　ときに、いっしょに空気《くうき》も　のみこんで　います。

口《くち》の 中《なか》に 入《はい》った 空気《くうき》は、食《た》べものと いっしょに、いから、ちょうに おくられます。ちょうは、食《た》べものを通《とお》す ホースです。のみこまれた 空気《くうき》は、ちょうのホースを 通《とお》って いきます。ほとんどの 空気《くうき》はちょうで きゅうしゅうされますが、のこった 分《ぶん》は おしりのあなから からだの 外《そと》に出《で》ます。これが おならです。

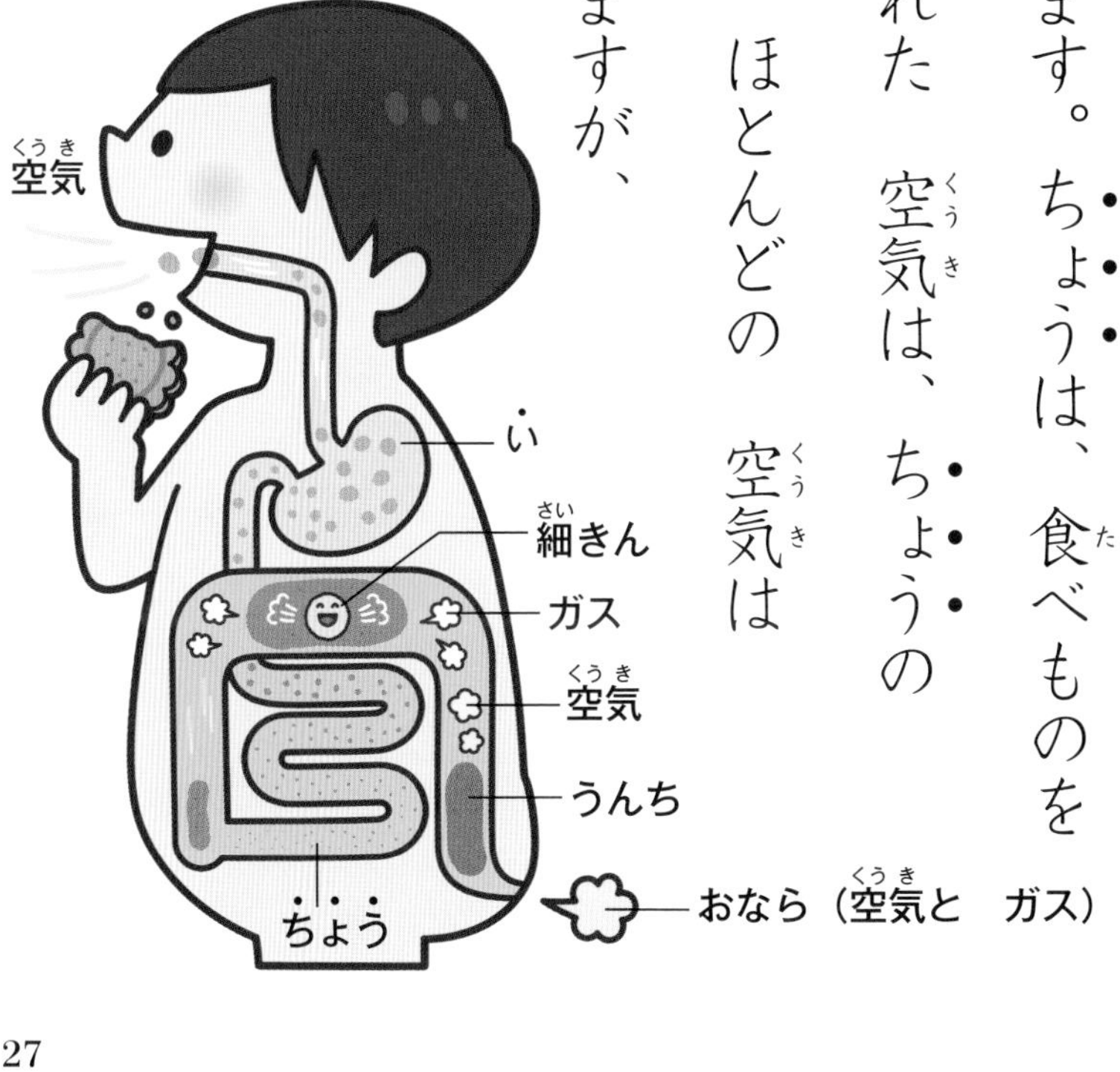
空気《くうき》
い
細《さい》きん
ガス
空気《くうき》
うんち
ちょう
おなら（空気《くうき》と ガス）

もし、いに　入《はい》った　空気《くうき》が　口《くち》から　出《で》たら、げっぷです。おならは　もともと　空気《くうき》なので、きたない　ものではありませんよ。

だけど、くさい　ことも　ありますね。それは、ちょうの中《なか》に　すんでいる　細《さい》きんと　いう、小《ちい》さな　小《ちい》さな生《い》きものの　しわざです。

ちょうの　中《なか》の　細《さい》きんは、食《た》べものを　分《ぶん》かいしてえいようを　とり出《だ》す　手《て》つだいを　します。細《さい》きんが

はたらくと　くさい　においが　する　ガスが　できる
ことが　あります。くさい　ガスは、のみこまれた　空気《くうき》に
まじって、おならとして　外《そと》に　出《で》て　しまうのです。

おならを　がまんすると、からだの
中《なか》に、どんどん　空気《くうき》や　ガスが
たまって　しまいます。
がまんしないで、学校《がっこう》や　おうちでも、
おならを　しても　いいのですよ。

ちょっと　しつれい…

なにも　して　いないのに、どうして　血《ち》は　止《と》まるの？

ころんで、ひざを　すりむいちゃった！　あっ、ちょっと血《ち》が　出《で》て　しまいました。

でも、あとで　見《み》ると、血《ち》は　止《と》まって　います。なにもして　いないのに、ふしぎです。どんな　しくみに　なっているのでしょう。

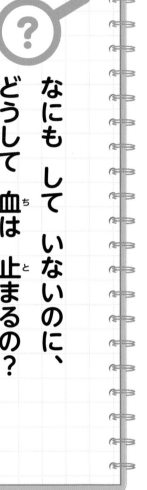

まず、血《ち》は どこから 出《で》るのか、知《し》って いますか？

からだの 中《なか》には、血《けっ》かんと いう、細《ほそ》い パイプが 通《とお》って います。この 血《けっ》かんの 中《なか》を 血《ち》が ながれて います。けがを すると、ひふが やぶれます。すると、ひふの 下《した》を 通《とお》る 血《けっ》かんも やぶれて、あなが あいて しまいます。あなからは、血《ち》が 出《で》て いきます。だれかが あなを ふさがなければ いけません。

ここで、血小板《けっしょうばん》が 大活《だいかつ》やくします。血小板《けっしょうばん》は、血《ち》の

中《なか》に　ある　とても　小《ちい》さな
つぶです。
血《ち》が　血《けっ》かんの　あなから
もれると、血小板《けっしょうばん》が
「外《そと》に　出《で》ちゃった！」
と、気《き》が　つきます。そして、
「血《けっ》かんが　やぶれちゃったよ！」
と、ほかの　血小板《けっしょうばん》に　知《し》らせる

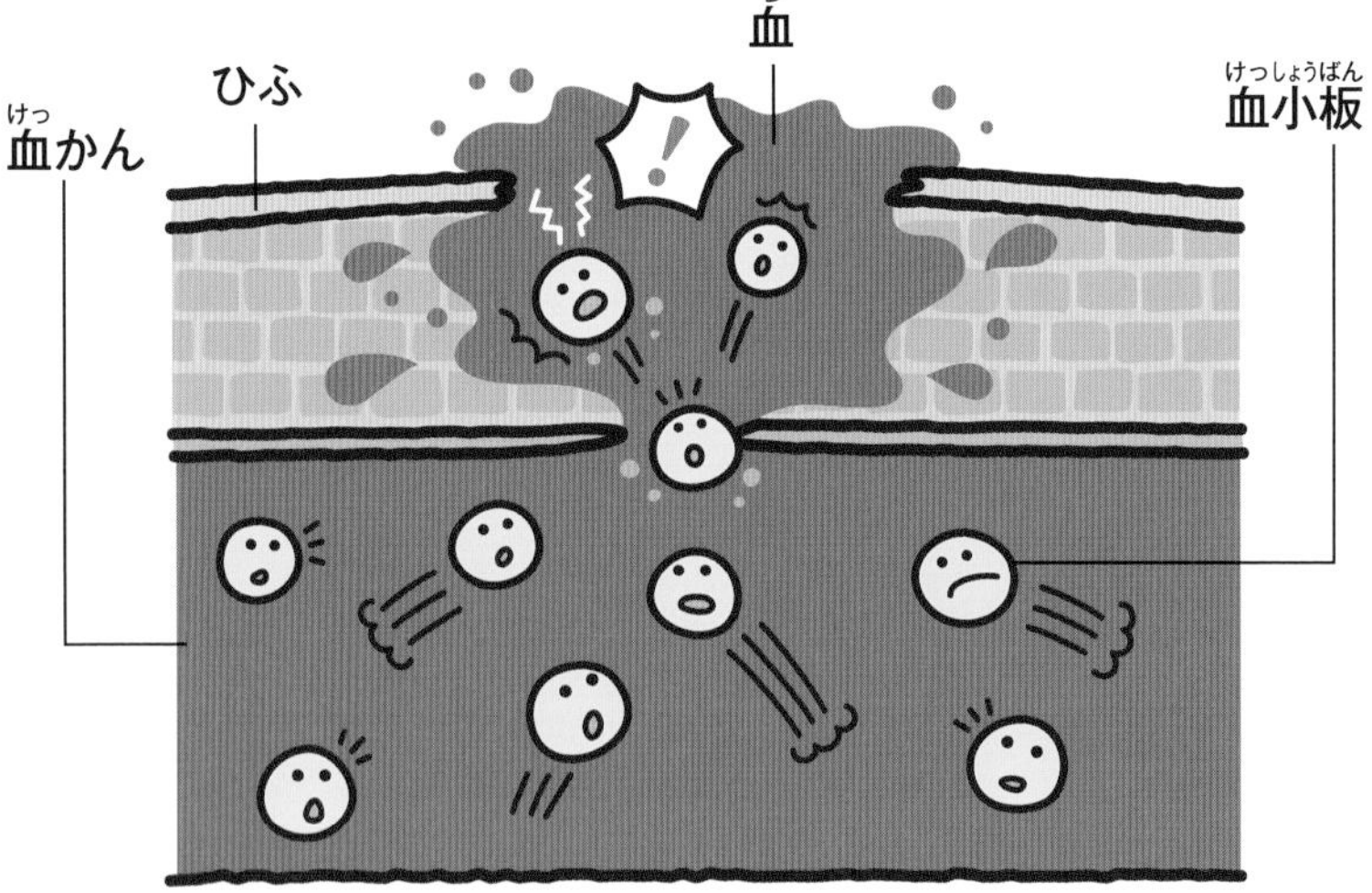

はたらきを　します。すると
あなに　むかって、血小板《けっしょうばん》が
たくさん　あつまって　きます。
そして、血《ち》の　中《なか》から、
のりのような　ものが
つくられます。この　のりが、
あなを　ふさいで、血《ち》が　外《そと》に
出《で》ないように　するのです。

あながふさがる前《まえ》に、からだの
外《そと》に出《で》てしまった
血《ち》がかたまると、
かさぶたになります。
かさぶたの下《した》では、
まだひふがやぶれている
こともあります。しぜんに
はがれるまでまちましょう。

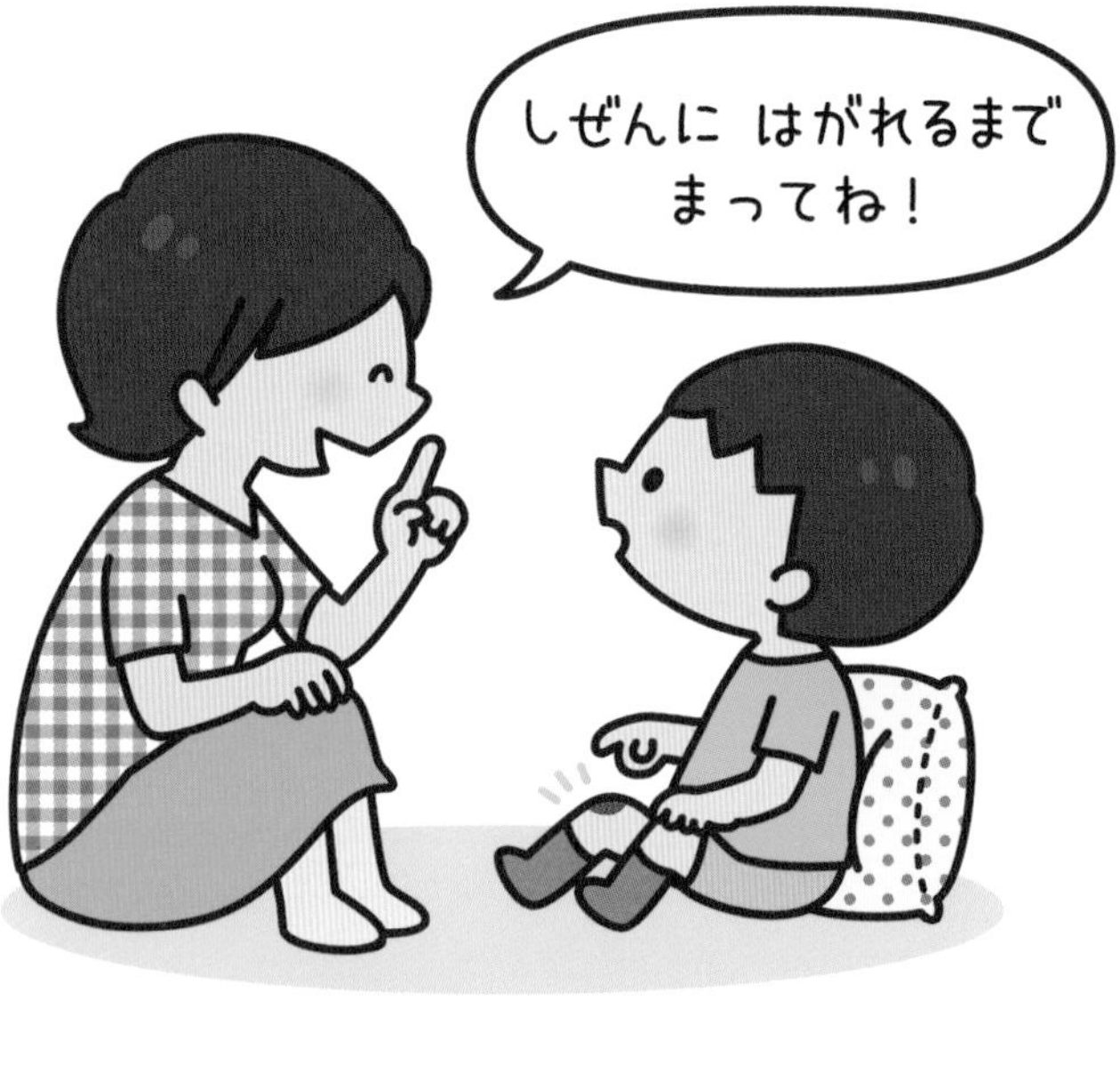
しぜんに はがれるまで
まってね！

おふろに　入《はい》ると、ゆびが　しわしわに　なるのは　なぜ？

おふろに　入《はい》ったら、手《て》と　足《あし》の　ゆびを　見《み》て　みましょう。ぶよぶよ、しわしわに　なって　いませんか？　ゆびに　おゆが　入《はい》って　しまったのかな？　その　とおり。ぶよぶよして　いる　ところには、おゆが　入《はい》って　いるのです。

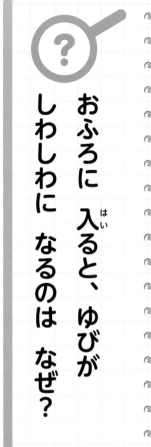

水《みず》に　つかって　いると、ひふの　いちばん　外《そと》がわに
どんどん　水《みず》が　しみこんで　きます。おなかも　せなかも、
手《て》も　足《あし》も　ぜんぶの　ひふが　水《みず》を　すって、ふくらんで、
のびて　いるのです。
だけど、ゆびには　つめが　あります。
ゆびの　ひふが　ふくらんで　きても、つめに　当《あ》たると、
もう　のびる　ことは　できません。
それで、のびられなかった　ひふが、ぶよぶよと

たるんで しまうのです。
でも ひふが かわくと 水《みず》が
なくなり、もとの ぴんと
はった ひふに もどります。
ひふは、古《ふる》く なると、
ひょうめんが はがれて
いきます。これが あかです。
おふろに 入《はい》って、ごしごしと

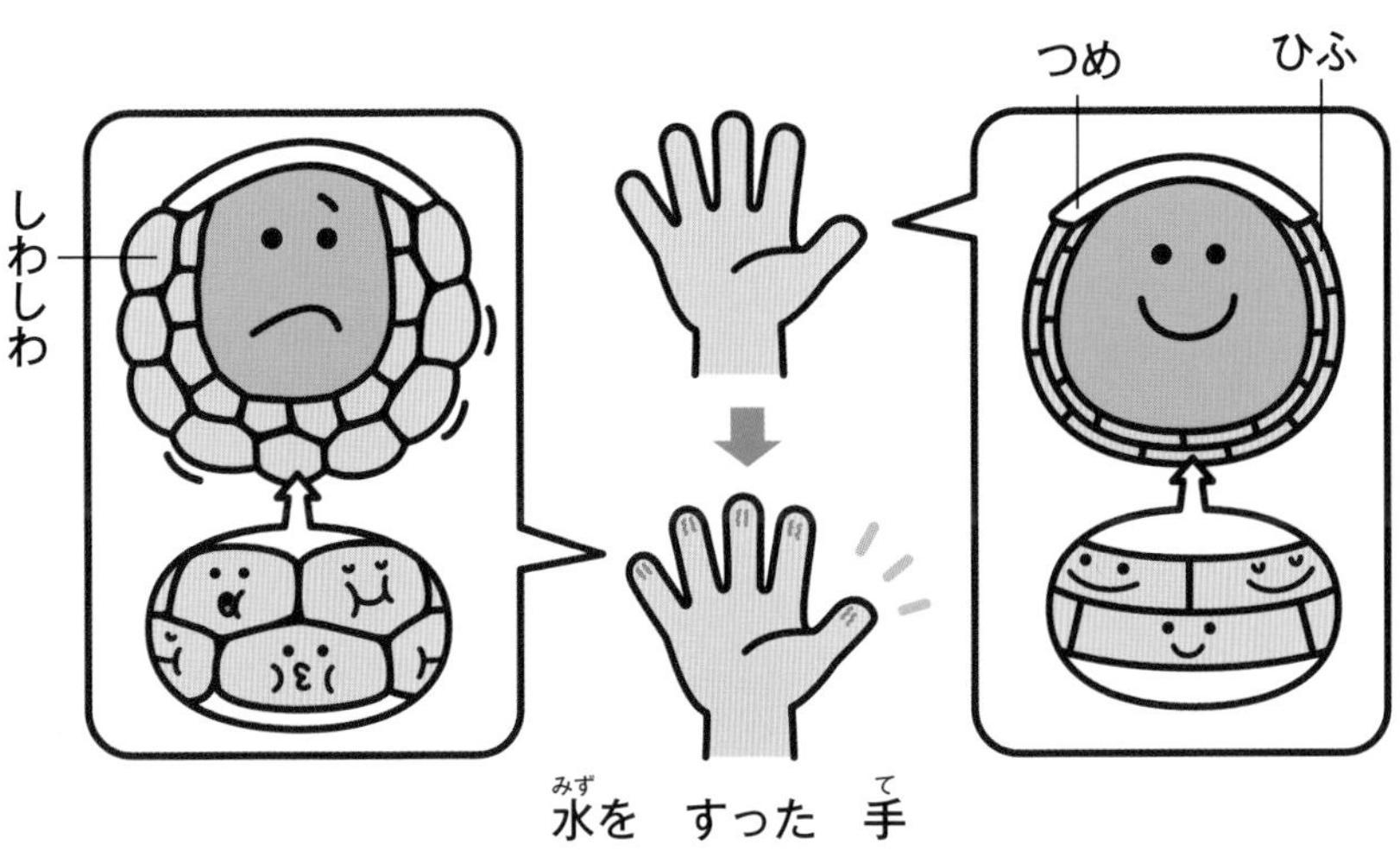

水《みず》を すった 手《て》

こすると、あかが　おちて　きますね。
ひふが　なくなって　しまうのかな？
そんな　ことは　ありません。
ひふの　ふかい　ところでは、
新《あたら》しい　ひふが　毎日《まいにち》　つくられて
います。あかが　おちた　あとは、
新《あたら》しい　ひふが　出《で》て　きます。
心《しん》ぱいしなくて　いいですよ。

毎日《まいにち》 きれいに
あらおう！
古《ふる》い　ひふ
（あか）
新《あたら》しい
ひふ

ないた とき、どうして はな水《みず》も 出《で》るの？

かなしくて、ないて しまう ことって、だれだって ありますよね。でも、ないて いると、なみだと いっしょに はな水《みず》も 出《で》て きませんか？

じつは、なみだは いつも つくられて います。なみだの やくわりは、目《め》を かわかさない ことです。

なみだは、目《め》の　上《うえ》の　ほうに　ある　「るいせん」と　いう　ところで　つくられて　います。そして、目《め》の　ひょうめんを　しめらせて、「るい点《てん》」と　いう　あなに　ながれこみます。

るい点《てん》は　上《うわ》まぶたと　下《した》まぶたに　あります。るい点《てん》を　見《み》て　みましょう。目《め》の　下《した》を　引《ひ》っぱって、下《した》まぶたの　うらがわを　出《だ》します。はしっこに　小《ち》さな　あなが　ありますね。ここが　下《した》まぶたの　るい点《てん》です。

るい点《てん》からは、細《ほそ》い　くだが　はなの
おくに　むかって　のびて　います。
ふだんは、るい点《てん》に　入《はい》った
なみだは、はなの　おくから
のどに　ながれて　いきます。
えーん、えーんと　なくと、
なみだが　いつもよりも
いっぱい　るいせんから

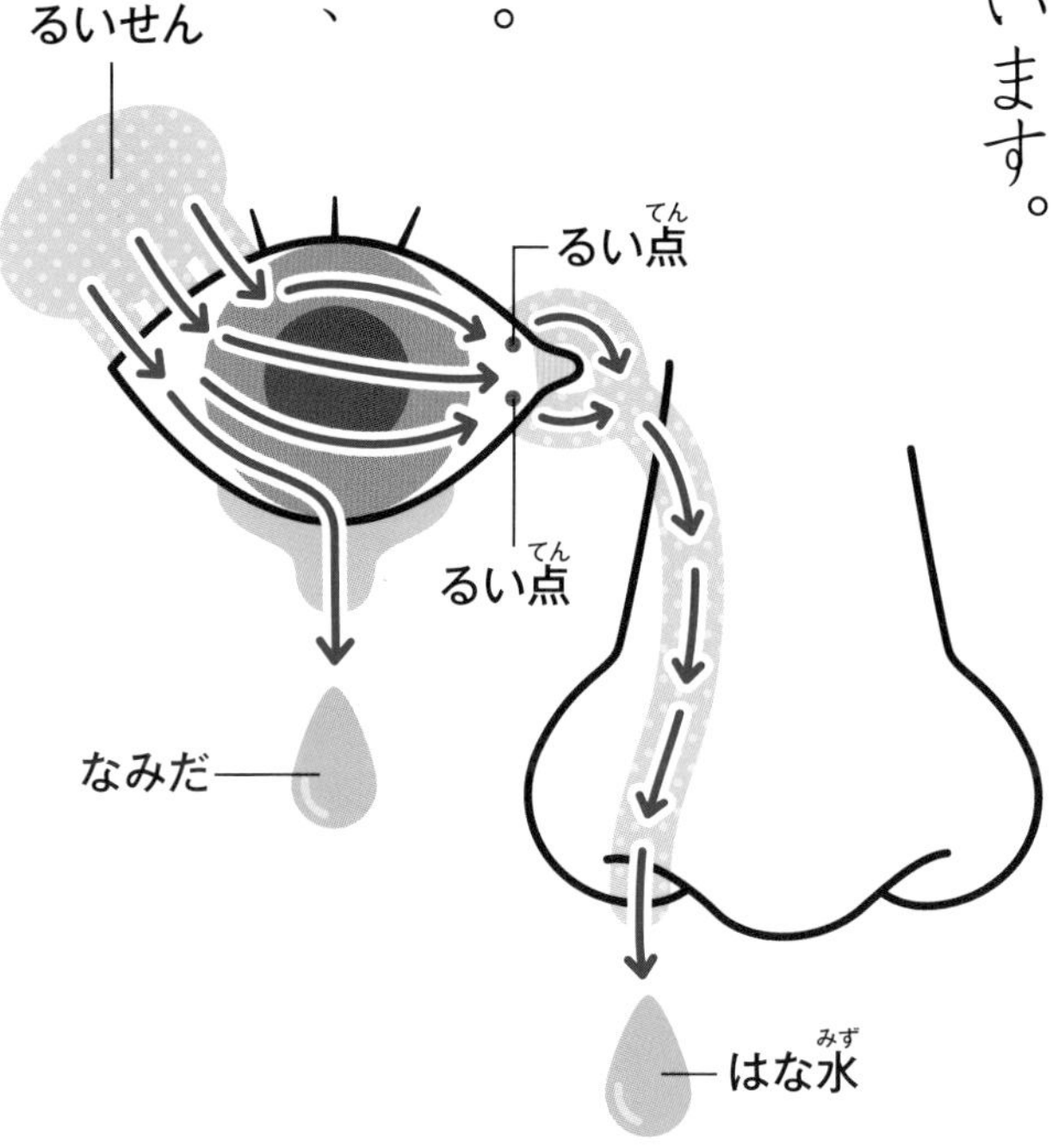

出《で》て　きます。だから、はなにも　たくさんの　なみだが入《はい》って、はな水《みず》と　いっしょに　出《で》て　くるのです。
そして、はなに　むかう　くだに　入《はい》りきらなかったなみだが、ぼろぼろと　目《め》から　おちて　くるのです。
ないて　いる　ときに　出《で》て　くるはな水《みず》は、ほとんどが　なみだです。
いっぱい　ないて、なみだが止《と》まったら、はな水《みず》も　止《と》まりますよ。

赤《あか》ちゃんは お母《かあ》さんの おなかの 中《なか》で、ごはんを 食《た》べて いるの？

わたしたちは、みんな お母《かあ》さんの おなかの 中《なか》で
そだちます。だいたい 二《に》百《ひゃく》八《はち》十《じゅう》日《にち》くらい お母《かあ》さんの
おなかの 中《なか》に いて、生《う》まれて きます。
でも、赤《あか》ちゃんは、おなかの 中《なか》に いる あいだ、
ごはんや うんちは どうして いるのでしょうか？

おなかの　中《なか》に　いる　赤《あか》ちゃんは、わたしたちの
ように　口《くち》から　ごはんを　食《た》べて　いるのでは
ありません。だから、うんちは　しないのです。
赤《あか》ちゃんは、お母《かあ》さんの　おなかの　中《なか》に　ある、
「子《し》きゅう」と　いう　へやで　そだちます。へやの　中《なか》は、
とくべつな　水《みず》で　みたされて　いて、赤《あか》ちゃんは　その
水《みず》の　中《なか》に　うかんで　います。子《し》きゅうの　かべからは、
「へそのお」と　いう　ひもが　出《で》て　いて、赤《あか》ちゃんと

つながって　います。
へそのおには、血《けっ》かんが　あります。
えいようは　へそのおの　血《けっ》かんを
通《とお》って、赤《あか》ちゃんに　はこばれます。
これが　ごはんを　食《た》べる
かわりに　なります。
はんたいに、からだに　できた
いらない　ものは、へそのおの

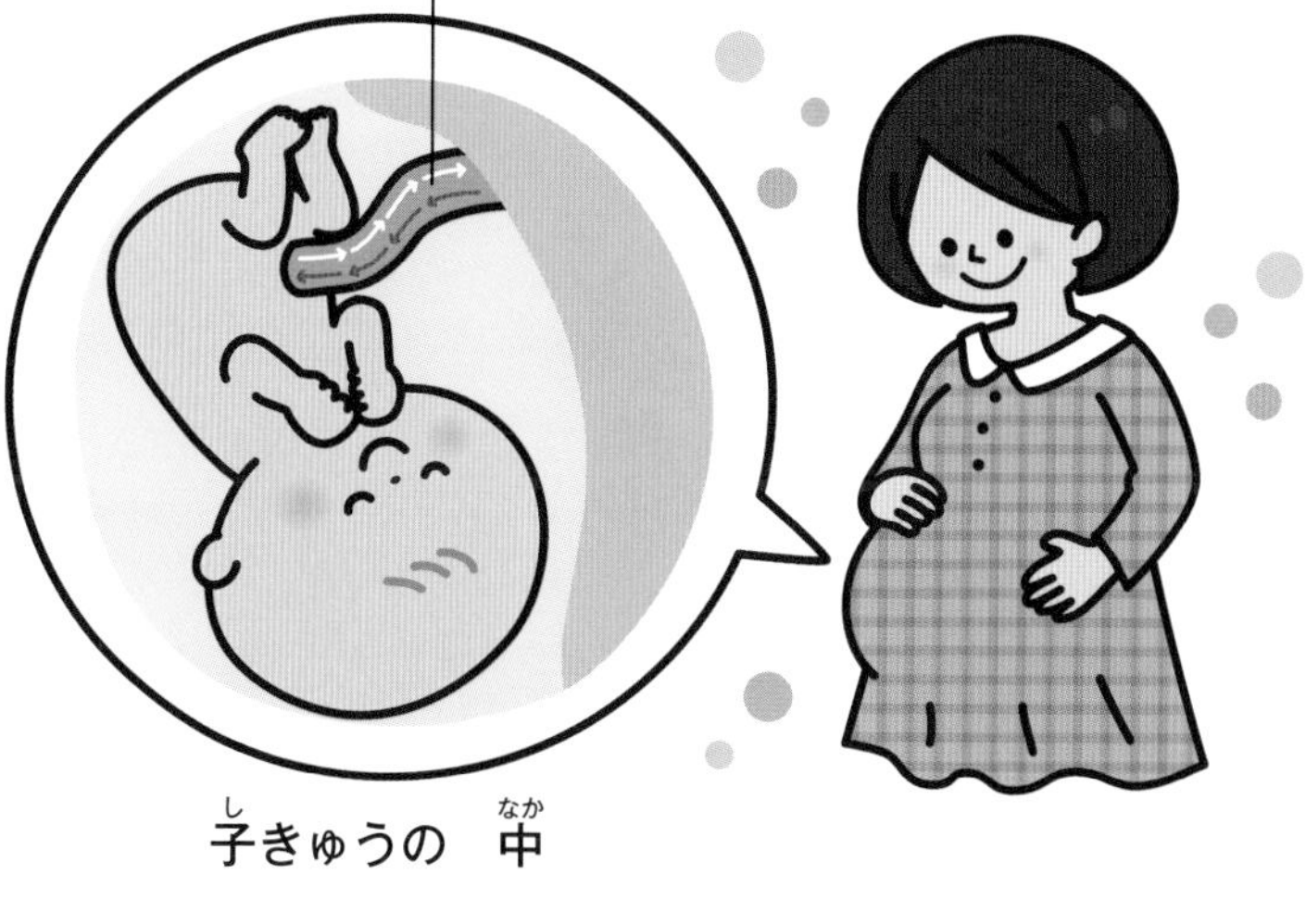

子《し》きゅうの　中《なか》

血《けっ》かんを　通《とお》って、お母《かあ》さんに　おくられます。
赤《あか》ちゃんが　生《う》まれると、自分《じぶん》で　ミルクを　のんだり、
うんちや　おしっこが　できるように　なります。
もう　へそのおは　いりません。
からだから、へそのおが　はずれると、あとが
のこります。それが　おへそです。
おへそは、あなたと　お母《かあ》さんが　つながって　いた
しるしなのですよ。

どうぶつの
ふしぎ

イラスト／いずもり・よう

どうして　イヌは　しっぽを　ふるの？

イヌの　しっぽは、わたしたちに　いろいろな　気《き》もちを　教《おし》えて　くれます。

イヌは、知《し》らない　人《ひと》に　会《あ》うと、「いじめられないかな？」と、けいかいします。けいかいの　ときは、しっぽを　ピンと　上《あ》げます。

「どんな 人《ひと》かなあ?」と、考《かんが》えて いる ときは、
しっぽを 少《すこ》しだけ ふります。
あんしんして 「なかよく しようよ」と、思《おも》ったら、
しっぽを ゆっくりと 大《おお》きく ふります。
「あそんでよ!」と、よろこんで いる ときは、
しっぽを ぶんぶんと ふり回《まわ》します。
だけど、「こっちに 来《く》るな!」と、おこって いる
ときも、しっぽを ふるので ちゅういしましょう。

「こわいよ!」と、にげたい ときは、しっぽを 後《うし》ろ足《あし》の
あいだに はさんで しまいます。
イヌの 気《き》もちは、顔《かお》を 見《み》ても わかります。
おこって いる イヌは、はなに しわを よせて、こわい
目《め》を して います。耳《みみ》を 後《うし》ろに たおして、口《くち》を
あけて、するどい きばを 見《み》せて いたら、
「近《ちか》よったら かみつくぞ!」と、いって いるのです。
イヌは 人間《にんげん》の ことばを 話《はな》せません。でも、からだの

なんだろう…？
あんしん？
あそんで！
けいかい！
近《ちか》よったら
かみつくぞ！
こわいよ～～

あちこちを　つかって、気《き》もちを　つたえて　くれます。
これは、ネコや　ほかの　どうぶつも　同《おな》じです。
どうぶつの　うごきを　よく　見《み》て　いれば、どうぶつが
なにを　考《かんが》えて　いるか、どんな　気《き》もちなのか、
だんだんと　わかるように　なりますよ。
どうぶつと、お話《はなし》が　できるみたいで、すてきですね。

ネコの　したが　ざらざらして　いるのは　どうして？

ネコに　手《て》を　なめられた　ことは　ありますか？
ちょっと、ざらざらして　いますね。
ネコの　したは、だいこんを　おろす　ときに　つかう
おろし金《がね》のように、小《ちい》さな　とげとげが　いっぱい　ついて
います。どうして、とげとげが　ついて　いるのでしょうか？

それは、ネコが　もともと、
肉《にく》を　食《た》べる　どうぶつだからです。
ざらざらの　したで、ほねに
くっついて　いる　肉《にく》を　こすって
おとせるので、きれいに
食《た》べる　ことが　できます。
ちょっとでも　ほねに　肉《にく》が　のこって
いたら、もったいないですよね。

食《た》べる　ときだけでは　ありません。水《みず》を　のむ
ときにも　やくに　立《た》ちます。ネコは、したを　水《みず》に
入《い》れて、すくって　のみます。水《みず》を　すくう　とき、したの
ざらざらに　水《みず》が　くっつくので、いちどに　たくさん
のめるのです。
毛《け》の　手《て》入《い》れにも、やく立《だ》って　います。ネコは　とても
きれいずき。毛《け》が　ぬれて　いたり、よごれて　いたり
すると、がまんが　できません。いそいで　したで　なめて、

そうじを　します。すると、したの　ざらざらに　水《みず》や
ほこりが　くっつくので、毛《け》がわが　すぐに　きれいに
なります。毛《け》の　ながれも　まっすぐに
ととのいます。わたしたちが
ブラシで　かみの毛《け》を　とかすのと、
にて　いますね。
ネコの　したの　ざらざらは、いろいろな
ことに　やく立《だ》って　いるのです。

ゾウの　はなは、なぜ　長《なが》いの？

ゾウの　はなは、とても　長《なが》いですね。下《した》に
だらんと　下《お》ろして　いると、地《じ》めんに　つきそうです。
大《おお》むかしに　生《い》きて　いた　ゾウの　そ先《せん》は、今《いま》の
ブタくらいの　大《おお》きさでした。ところが、ゾウの　なかまは
どんどん　からだが　大《おお》きく　なって　いきました。

からだが　大《おお》きく　なって　こまるのは、水《みず》を　のむことです。川《かわ》の　水《みず》を　のもうと　下《した》を　むいても、口《くち》が水《みず》に　とどきません。前足《まえあし》を　まげて、ひざを　ついて水《みず》を　のむと、立《た》ち上《あ》がるのが　たいへんです。

でも、はなが　長《なが》ければ、大《だい》じょうぶ。水《みず》を　はなにすいこんでから、口《くち》に　入《い》れる　ことが　できます。からだが　大《おお》きくても、らくに　水《みず》が　のめるのです。

ゾウの　はなには、ほねが　ありません。だから、

まげたり　のばしたり、じゆうに
うごかせます。高《たか》い　ところに
ある　木《き》の　えだを　はなで
ぐいっと　口《くち》まで　引《ひ》っぱって、
木《き》の　葉《は》を　食《た》べる
ことが　できます。
はなの　先《さき》に　ある
小《ちい》さな　出《で》っぱりは、

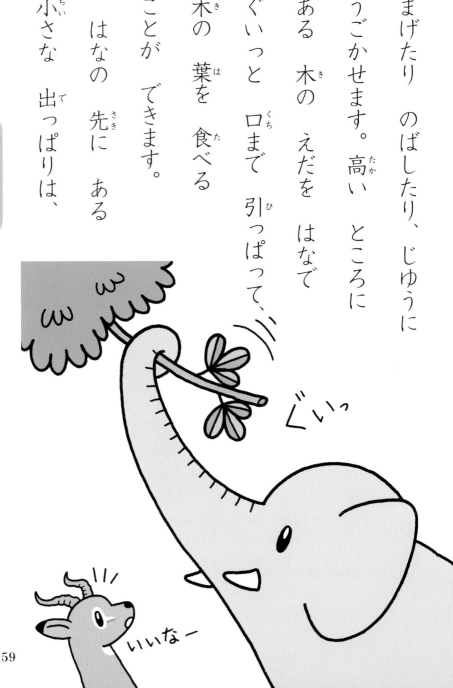

ゆびのように　うごきます。
地《じ》めんの　草《くさ》を　むしったり、
ピーナッツのような　小《ちい》さな
ものも　つまんだり　して、口《くち》に　はこべます。
長《なが》い　はなが　手《て》と　ゆびのように　つかえるので、
いろいろな　ものを　食《た》べる　ことが　できるのです。
ゾウの　お母《かあ》さんは、いつも　はなで　子《こ》どもに
さわって　います。なかまと　出会《であ》うと、はなで　あい手《て》に

さわって　あいさつを　します。人間《にんげん》の
お母《かあ》さんが、子《こ》どもを　よしよしと　なでたり、
なかよしの　友《とも》だちと「元気《げんき》！」と
ハイタッチしたり　するのと、
にて　います。
ゾウの　長《なが》い　はなは、
わたしたちの　手《て》と、そっくりの
はたらきを　して　いるのですね。

アヒルや　カモは　どうして　水《みず》に　うくの？

公園《こうえん》の　池《いけ》や　川《かわ》を　およいで　いる　アヒルや　カモは、スズメや　ハトと　同《おな》じ　鳥《とり》です。鳥《とり》なのに、どうして　水《みず》に　ういたり、すいすいと　およげたり　するのでしょうか？　それに、ずっと　水《みず》に　つかって　いて、さむくは　ないのでしょうか？

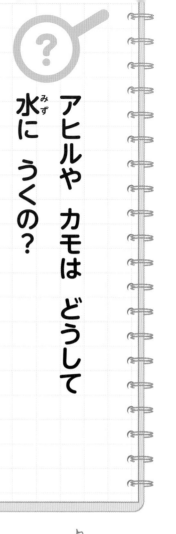

鳥《とり》の　おの　つけねには、あぶらが　出《で》る
ところが　あります。その　あぶらを
くちばしで　とって、羽《はね》に　ぬって
いるのです。あぶらは　水《みず》を
はじきますから、羽《はね》が　水《みず》に
ぬれる　ことは　ありません。
アヒルや　カモは、とくに
たくさん　あぶらが　出《で》て　います。

ぬり
ぬり
おの　つけねから
あぶらが　出《で》て　くる

それで　いつも　かわいて、ふわふわした　羽《はね》に
つつまれて　いるので、水《みず》に　ういて　いられます。羽《はね》が
ぬれないから　からだも　ずっと　あたたかいのです。
アヒルや　カモは、水《みず》から　上《あ》がると、くちばしで
羽《はね》を　ととのえます。そのときに　あぶらを　ぬり直《なお》して
います。わたしたちが　手《て》を　あらった　あとに
ハンドクリームを　ぬるのと、にて　います。
でも、生《う》まれたばかりの　ヒナでは、あぶらが　あまり

出《で》ないので、長《なが》い　時間《じかん》、水《みず》に　ういて　いられません。
それに、羽《はね》が　ぬれると、からだが
つめたく　なって、弱《よわ》って　しまいます。
アヒルも　カモも、小《ち》さな　ヒナは、
あまり　水《みず》に　入《はい》りません。お母《かあ》さんが、
せなかに　のせて　いる　ことも　ありますよ。
人間《にんげん》の　お母《かあ》さんが、赤《あか》ちゃんを
おんぶして　いるようですね。

キュウカンチョウや　オウムは、どうして　人間《にんげん》の　ことばを　話《はな》せるの？

「おーい！」と　よばれたので、ふりかえったら　鳥《とり》が　いた！　なんて、おどろいた　ことは　ありませんか？

あなたを　よんだ　鳥《とり》は、おそらく　キュウカンチョウかオウムです。人間《にんげん》の　ことばを　まねる　ふしぎな　鳥《とり》です。

ことばを　話《はな》すのには、したが　しっかり
うごく　ことが　とても　大切《たいせつ》です。
でも、ふつうの　鳥《とり》の　したは、とても
小《ちい》さいし、せいぜい　前《まえ》と　後《うし》ろにしか
うごきません。

ところが、キュウカンチョウや　オウムの
したは、ずっと　あつくて、いろいろな　むきに
うごかせます。そのため、人間《にんげん》の　ことばと

よく　にた　声《こえ》を　出《だ》す　ことが　できるのです。
鳥《とり》なのに、なぜ　人間《にんげん》の　声《こえ》を　まねるのでしょうか？
鳥《とり》は、同《おな》じ　声《こえ》を　出《だ》して　いると、なかまとして
みとめられます。ヒナの　ころから、
まわりの　鳥《とり》に　みとめられる
ために、なかまの　声《こえ》を　まねるのです。
人間《にんげん》に　かわれて　いる　キュウカンチョウや
オウムは、人間《にんげん》を　なかまだと　思《おも》って　います。

ですから、人間《にんげん》の　ものまねを　するのです。いみが
わかって　いる　わけでは　ありませんよ。
だから、「おなかが　すいた！」と
オウムが　いっても、おなかが
すいて　いるのでは　ありません。
おうちの　だれかが、食《く》いしんぼうで
いつも「おなかが　すいた！」って
いって　いるのかも　しれませんね。

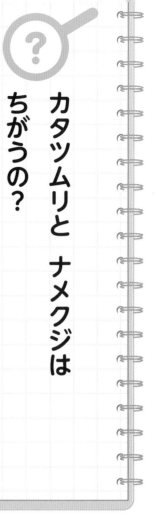

カタツムリと　ナメクジは　ちがうの？

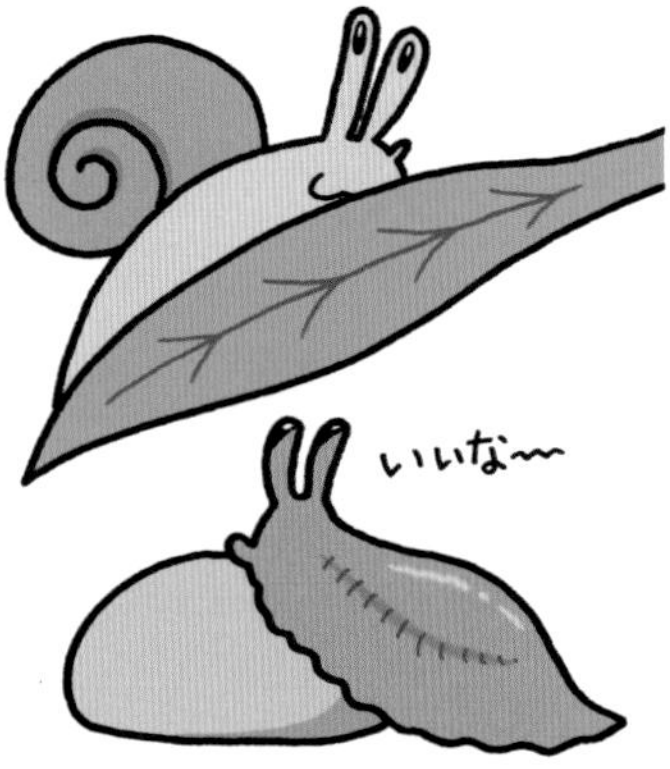

カタツムリも　ナメクジも、ぐにゃぐにゃした　からだに、角《つの》が　とび出《で》て　います。カタツムリが、からを　ぬいだら、ナメクジに　なるのかな？　ナメクジが　大《おお》きく　なったら、からが　できて　カタツムリに　なるのかな？

いいえ、そんな　ことは　ありません。でも、カタツムリと

ナメクジは、とても　近《ちか》い　しんせきです。どちらも、貝《かい》の
なかまなのです。
貝《かい》には、いくつか　なかまが　います。からが　二《に》まいの
アサリや　シジミは、「二《に》まい貝《がい》」と　いいます。からが
ぐるぐると　まいて　いる　貝《かい》は、「まき貝《がい》」と　いいます。
貝《かい》は、海《うみ》や　川《かわ》にだけ　すんで　いるのでは　ありません。
まき貝《がい》の　なかまには、りく地《ち》に　すんで　いる　ものが
います。りく地《ち》に　いる　まき貝《がい》が、カタツムリなのです。

カタツムリの　なかには、からが　なくなって
しまった　ものが　います。
それが、ナメクジです。
「ナメクジに　しおを　かけると、
とけて　しまう」と、きいた　ことは
ありますか？　でも、とけて　いる
わけでは　ないのです。ナメクジには、
わたしたちのような　しっかりした

りく地《ち》に　すんで
いる　まき貝《がい》の
カタツムリ

川《かわ》に　すんで
いる　まき貝《がい》の
モノアラガイ

ひふは　ありません。しおには　水《みず》を　すいとる　はたらきが
あるので、しおが　かかると、どんどん　からだの　水《みず》が
すいとられて　しまいます。からだから　水《みず》が　なくなった
ナメクジは、小《ちい》さく　ちぢんで、しんで　しまうのです。
カタツムリに　しおを　かけても、
同《おな》じように　水《みず》が　すいとられて
しまいます。でも、かわいそうだから、
しおを　かけて　あそぶのは　やめましょうね。

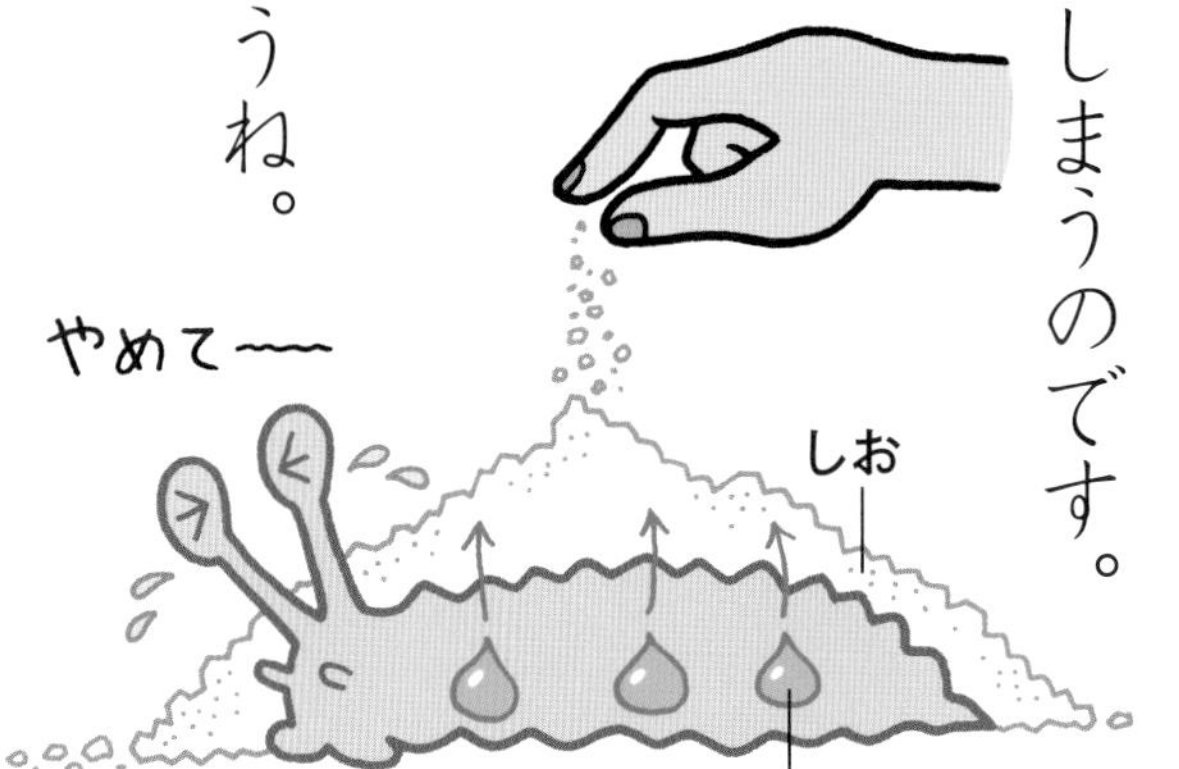

カエルは　どうして　大《おお》きな　声《こえ》で　鳴《な》くの？

雨《あめ》が　多《おお》い　きせつには、よく　カエルが　鳴《な》いて　います。家《いえ》や　学校《がっこう》の　近《ちか》くで、グエッ　グエッ　グエッと　元気《げんき》な　カエルの　鳴《な》き声《ごえ》が　したら、木《き》や　草《くさ》の　葉《は》の　上《うえ》を　さがして　みましょう。小《ちい》さな　みどり色《いろ》の　アマガエルが　いませんか？　アマガエルは　三《さん》センチメートルくらいしか

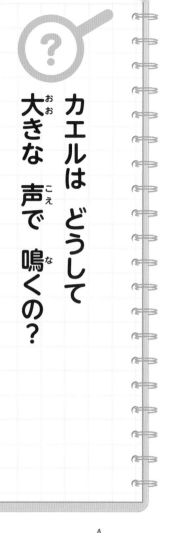

ありません。こんな　小《ちい》さな　からだなのに、どうして
大《おお》きな　声《こえ》で　鳴《な》けるのでしょうか？
鳴《な》いて　いる　アマガエルを　よく　見《み》て　みましょう。
のどが　風船《ふうせん》のように　ふくらんで　います。この　風船《ふうせん》を
「鳴《めい》のう」と　いいます。鳴《めい》のうが　ふくらむと、声《こえ》が
大《おお》きく　ひびくのです。
鳴《めい》のうの　かたちは、カエルに　よって　ちがいます。
アマガエルは、のどの　下《した》に　一《ひと》つの　風船《ふうせん》。

トノサマガエルは、左右《さゆう》の　ほおに
あるので、二《ふた》つの　風船《ふうせん》。二《ふた》つの　うち
一《ひと》つしか　ふくらませない　カエルも
います。鳴《な》くのは　オスだけです。
「ぼくって、かっこいいんだよ！」と、
メスを　よんだり、
「おれの　家《いえ》に　入《はい》って　くるな！」と、
まわりの　オスに　つたえたりして　います。

アマガエル

トノサマガエル

ところで、「カエルが　鳴《な》くと　雨《あめ》が　ふる」と、いうのを聞《き》いた　ことが　ありますか？　カエルは、ひふが　いつもしめって　いるので、雨《あめ》が　ふって　いる　ほうが元気《げんき》です。だから、アマガエルが元気《げんき》に　鳴《な》き出《だ》すと、雨《あめ》がふると　いわれて　います。

本当《ほんとう》に　雨《あめ》が　ふるかどうか、気《き》を　つけて　みましょう。

イルカって　魚《さかな》なの？

イルカが　およいで　いる　ところを、見《み》た
ことは　ありますか？　すいすいと、とても　気《き》もちが
よさそうです。イルカは　海《うみ》に　いるから、魚《さかな》かな？
でも、ちがうのです。
魚《さかな》は　たまごを　うみますが、イルカは　わたしたちと

同《おな》じように　赤《あか》ちゃんを　うみます。イルカの　お母《かあ》さんの　おへその　下《した》の　ほうには、ちゃんと　おちちを　出《だ》す　ところが　あります。赤《あか》ちゃんは、したを　ストローのように　丸《まる》めて、おちちを　すうのです。

それから、魚《さかな》は　水《みず》の　中《なか》に　ずっと　いる　ことが　できますが、イルカは　できません。ときどき　海《うみ》の　上《うえ》に　出《で》て、空気《くうき》を　すいます。イルカの　いきつぎは　かんたんです。はなが、頭《あたま》の　上《うえ》に　あるので、水《みず》から、

頭《あたま》を　ちょっと　出《だ》すだけで、空気《くうき》が　すえます。

クジラも、イルカと　同《おな》じ　なかまです。赤《あか》ちゃんを　うんで、おちちを　あげるし、水《みず》の中《なか》に　ずっと　いる　ことは　できません。白《しろ》と　黒《くろ》の大《おお》きな　からだの　シャチも　イルカの　なかまですよ。

では、サメは　どうでしょうか？　すがたは　イルカににて　いますね。でも、サメは　魚《さかな》なのです。サメはいきつぎを　しないで、ずっと　海《うみ》の　中《なか》を　およいで

いられます。
サメは、マグロや
イワシと 同《おな》じ なかまで、
イルカと クジラが
わたしたちと 同《おな》じ
なかまって、とても
ふしぎですね。

ほにゅうるいの なかま
クジラ
ヒト
イルカ
シャチ
※ほにゅうるいは、おちちを のんで そだつ どうぶつです。
マグロ
イワシ
魚《さかな》の なかま
サメ

どうして イカや タコには ほねが ないの？

おうちの 人《ひと》が、イカや タコを 丸《まる》ごと りょうりする ことが あったら、よく 見《み》て みましょう。魚《さかな》と ちがって、ほねが ありませんね。イカと タコは、貝《かい》の しんせきです。貝《かい》の なかまは、みんな ほねが ありません。でも、からを もって います。

てきに 見《み》つかっても、からの 中《なか》に 入《はい》って しまえば、かみつかれても あんぜんです。

イカと タコの なかまも 大《おお》むかしは オウムガイのような からを もって いました。しかし、だんだんと 小《ちい》さく なって しまったのです。イカには、からだの 中《なか》に 細長《ほそなが》い 木《き》の いたのような ものを もって いる しゅるいが います。

これは、小《ちい》さく　なった　貝《かい》がらの　あとです。

からが　ないと　食《た》べられて　しまいそうですが、それは

大《だい》じょうぶ。かんたんには　つかまらないように、イカと

タコは、いろいろな　わざを　つかいます。なかでも　すみを

はく　わざは、まるで　にんじゃが　えんまくを　はって

いるようです。

イカの　すみは、どろっと　した　かたまりです。てきは、

すみの　かたまりを　イカだと　かんちがいして、そっちに

むかって　いきます。
タコの　すみは、さらさらと　して
いて、あっという間《ま》に　水《みず》の　中《なか》に
広《ひろ》がります。目《め》の　前《まえ》が　くらく
なるので、てきは、タコが　どこに
いるのか　わからなく　なって　しまいます。
こうして、イカと　タコは、てきから
さっさと　にげる　ことが　できるのです。

イカの
わざ
タコの
わざ
イカだ!
みえない…

ヤドカリは　どうやって引《ひ》っこすの？

海《うみ》に　行《い》くと、いそや　すなはまを　ちょこちょこと　まき貝《がい》が　歩《ある》いて　いませんか？　まき貝《がい》からは、カニの　ような　足《あし》と　はさみが　出《で》て　います。これは　貝《かい》では　ありません。ヤドカリと　いって、カニの　しんせきです。

ヤドカリは、いつも　まき貝《がい》を　せおって　歩《ある》いて　います。

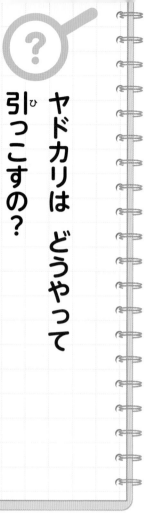

きけんを　かんじると、すぐに　貝《かい》の　中《なか》に　入《はい》ります。はさみで　ふたを　して　しまえば、てきも　こわく　ありません。ヤドカリは、空《から》っぽの　貝《かい》がらを　見《み》つけると、自分《じぶん》の　家《いえ》に　きめて、せおうのです。

けれども、からだが　大《おお》きく　なると、せおって　いる　貝《かい》がらが　きゅうくつに　なります。ヤドカリは、もっと　大《おお》きな　貝《かい》がらを　さがして、引《ひ》っこしを　します。気《き》に　入《い》った　貝《かい》がらが　見《み》つかったら、そうじを　します。

まず、貝《かい》がらの　中《なか》の　ゴミを　つまみ出《だ》し、つぎに貝《かい》がらを　うごかして、中《なか》に　入《はい》って　いる　すなを出《だ》します。からだに　ぴったり　合《あ》った　貝《かい》がらは、なかなか　見《み》つかりません。だから、よさそうな　貝《かい》がらをせおって　いる　ヤドカリと　けんかして、よこどりを　する　ことが　あります。

ヤドカリの　けんかは、せおった貝《かい》がらの　ぶつけ合《あ》いです。まけた

ヤドカリは、自分《じぶん》の　貝《かい》がらから　出《で》て、
かった　ヤドカリが　すてた　貝《かい》がらに
入《はい》ります。でも、「おい出《だ》されて
引《ひ》っこしを　したけれど、こっちの
ほうが　自分《じぶん》に　合《あ》って　いた」なんて
ラッキーな　ことも　あるのです。
わたしたちの　引《ひ》っこしと　同《おな》じように、
ヤドカリの　家《いえ》さがしも、たいへんなのです。

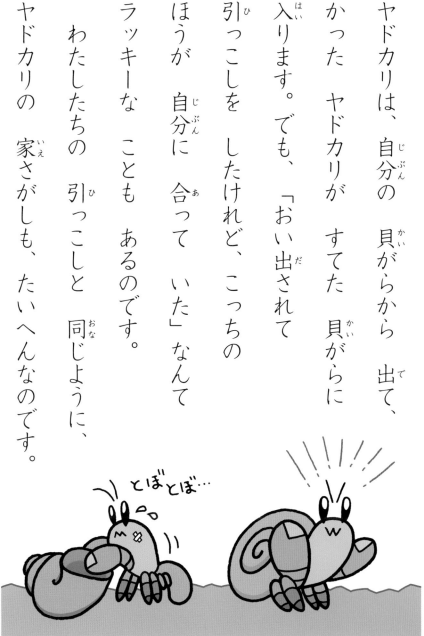

どうぶつ びっくり ポーズ 大《だい》しゅう合《ごう》

かわいい！ おもしろい！ どうぶつたちは、いろいろな 楽《たの》しい しぐさを しますよ。どうして そんな ポーズを するのかな？ 教《おし》えて もらいましょう。

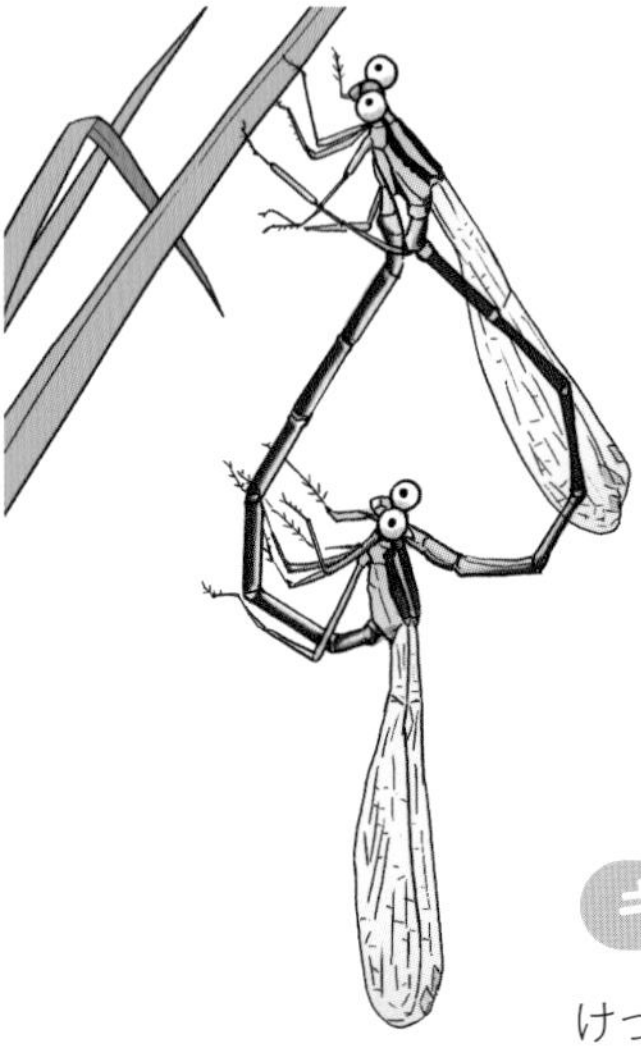

トンボ

けっこんすると、オスと メスが つながって とびます。ハート形《がた》に なる ことも あります。

キリン

けっこんを もうしこむ オスは、長《なが》い 首《くび》を メスの せなかに のせたり、からませたり します。

ずっと
いっしょに
いようね
♡
うん♡

フウチョウ

オスは　じまんの　きれいで　大《おお》きな　羽《はね》を　広《ひろ》げて、メスに　プロポーズを　します。

フラミンゴ

けっこんを　する　オスと　メスは、ダンスを　おどります。首《くび》が　ハートに　なる　ポーズを　とります。

ズキンアザラシ

はなの　中《なか》の　ねんまくを　風船《ふうせん》の　ように　ぷーっと　ふくらませて、メスに　プロポーズ　します。黒《くろ》い　風船《ふうせん》と　赤《あか》い　風船《ふうせん》、2つも　もって　いますよ!

とくしゅう 近《ちか》づくな!!へん

オオコノハズク

からだじゅうの 羽《はね》を いちどに 広《ひろ》げると、大《おお》きく 見《み》えるので、てきが びっくりします。

プゥ〜…
におい
とれないぞ！

ガブッ！

スカンク

てきに おそわれると、さか立《だ》ちして、とても くさい おならを ふきつけます。

アルマジロトカゲ

自分《じぶん》の しっぽを くわえて、くるっと わに なって、せなかの とげとげを 外《そと》に 出《だ》します。

血《ち》を とばすぞ!!

サバクツノトカゲ

目《め》から 自分《じぶん》の 血《けつ》えきを いきおいよく とばします。てきが いやがる ものが ふくまれて います。

キャーッ
にげるが かち！

ガァー
あっ!!

エリマキトカゲ

てきに 会《あ》うと、えりまきを 広《ひろ》げて おどしながら、走《はし》って にげます。

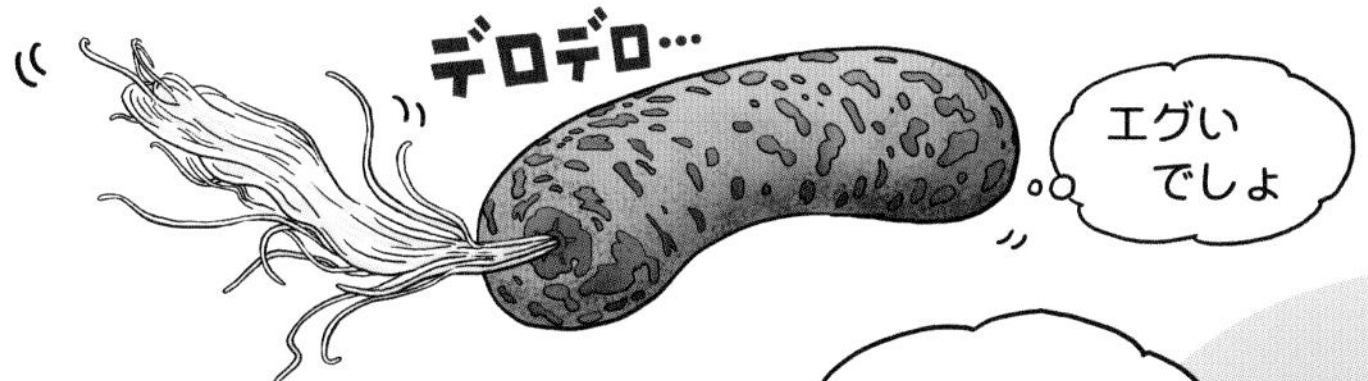
デロデロ…
エグい でしょ

ナマコ

てきに おそわれると、おしりの あなから、おなかの 中《なか》みを 出《だ》して おどかします。

おうえんして いるんじゃ ないよ！

キンチャクガニ

はさみに 小《ちい》さな イソギンチャクを つかんで います。てきが 来《く》ると、ふりかざして おどします。

とおせんぼ！

コアリクイ

後《うし》ろ足《あし》で 立《た》ち上《あ》がって、からだを 大《おお》きく 見《み》せて、てきを おどかします。

とくしゅう

だましの天才《てんさい》へん

いたいよ〜！
けがしちゃった…
ガンバレ！
ウソ
だよ〜ん！
オッ
ラッキー！

コチドリ

すの 中《なか》の たまごや ひなを まもる ために、親《おや》が けがを した ふりを して、てきの 目《め》を 引《ひ》きつけます。

ちょっと もう ダメかな〜
くさってる……
しんだふり…
クンクン
早《はや》く、あきらめて
あっちへ 行《い》って〜!!
ドキドキ…

オポッサム

てきが 来《く》ると、しんだ ふりを します。それから からだが くさって いるような においを 出《だ》します。

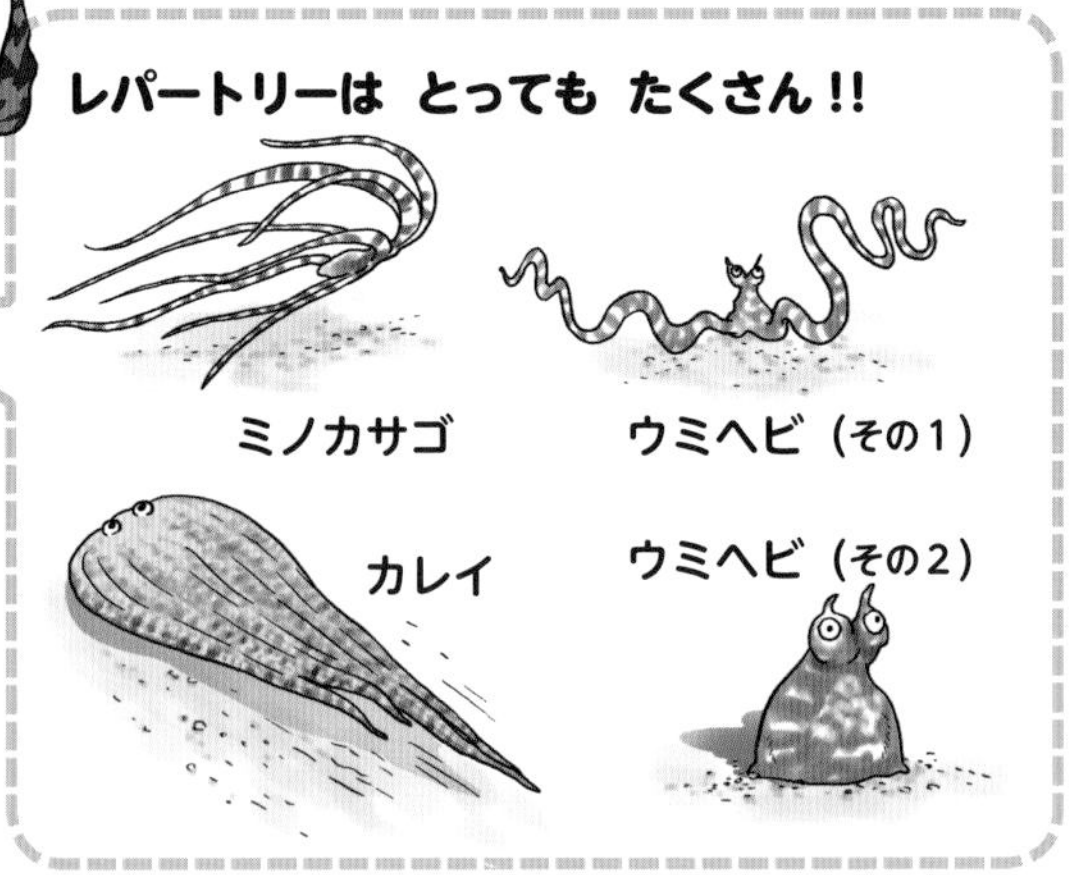
レパートリーは とっても たくさん!!
ミノカサゴ
ウミヘビ（その1）
カレイ
ウミヘビ（その2）

ミミックオクトパス

いろいろな 生《い》きものに すがたを かえる、へんしん 名人《めいじん》の タコです。

イラスト／ひろゆうこ

しょくぶつ・こん虫《ちゅう》のふしぎ

イラスト／菅原紫穂

アサガオは、どうして朝早《あさはや》くに　さくの？

みなさんは、アサガオの　花《はな》が　さく　ところを　見《み》た
ことは　ありますか？　ものすごく　早《はや》おきですよね。
だれかが、アサガオを　おこして　いるのでしょうか？
いいえ、アサガオは、お日《ひ》さまが　しずんで　くらく
なってから、だいたい　十時間《じゅうじかん》　たつと、つぼみが

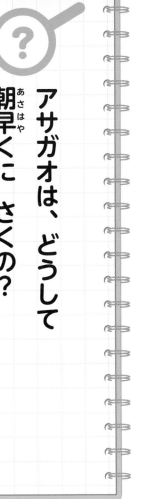

ひらきはじめるのです。
夏休《なつやす》みの　ころは、くらく
なるのは、夜《よる》の　七時《しちじ》くらいです。
それから　十時間《じゅうじかん》　たつと、朝《あさ》の
五時《ごじ》。アサガオは、その　ころに
さきはじめます。朝《あさ》の　五時《ごじ》に
おきるなんて　できないけど、
さく　ところは　見《み》て　みたい

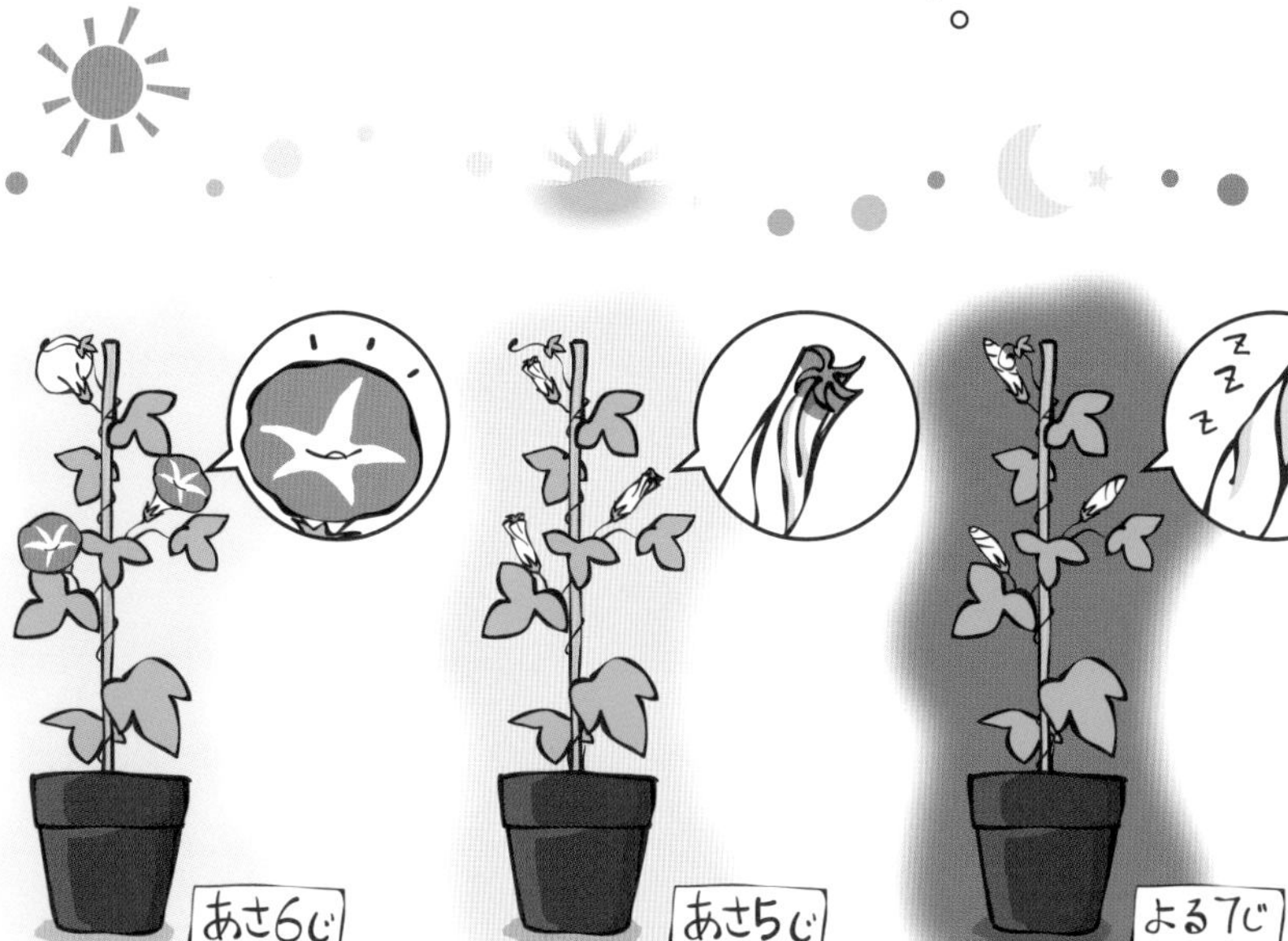

ですよね。だったら、アサガオを　だまして　みましょう。
明日《あす》には　さきそうな　アサガオの　つぼみを
切《き》りとって、水《みず》を　入《い》れた　コップに　入《い》れます。そして、
ぜん体《たい》に　こい　色《いろ》の　ふくろを　かぶせます。
アサガオは　「日《ひ》が　しずんだ」と　かんちがいして、
それから　十時間《じゅうじかん》　たつと、さきはじめるのです。
お昼前《ひるまえ》に　ふくろを　かぶせれば、夜《よる》の　九時《くじ》くらいに
さく　ところを　見《み》られるかも　しれませんよ。

はんたいに　夜《よる》に　なっても　明《あか》るいと、アサガオは、いつ　お日《ひ》さまが　しずんだのか　わかりません。すると、朝《あさ》の　きまった　時間《じかん》に　さく　ことが　できなく　なります。

みなさんも、へやを　くらく　しないで　ねると、なかなか　ねむく　ならなくて、つぎの　日《ひ》に　朝《あさ》ねぼうを　して　しまいますね。なんだか　アサガオと　にて　いますね。

あ、よるだ。
おやすみなさい。

サボテンに　葉《は》っぱが　なくて、とげが　あるのは　なぜ？

サボテンは、とげが　いっぱい　生《は》えて　いる　しょくぶつです。どうして　とげが　あるのでしょうか？　それは、もともと　サボテンは、雨《あめ》が　あまり　ふらない　ところに　生《は》えて　いるからです。からだの　中《なか》の　水《みず》を　まもるには　とげの　ほうが　よいのです。

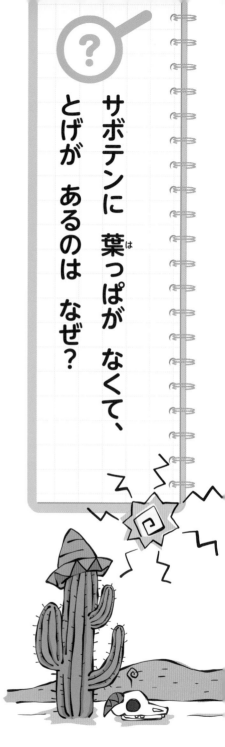

サボテンの　とげは、葉《は》っぱが
かたちを　かえた　ものです。
サボテンが　生《は》えて　いる
ところは、お日《ひ》さまが
じりじりと　てって　います。
ふつうの　しょくぶつのような
葉《は》っぱを　もって　いたら
たいへんなのです。

お日《ひ》さまに　てらされた　葉《は》っぱから、大切《たいせつ》な　水分《すいぶん》が
どんどん　出《で》て　いって　しまいます。だけど、葉《は》っぱが
ぎゅっと　細《ほそ》い　とげだったら、あまり　水分《すいぶん》が　出《で》て
いかないので、大《だい》じょうぶです。

とげには、ほかにも　いい　ところが　あります。
どうぶつが　水《みず》を　いっぱい　ふくんだ　サボテンを
かじりに　きたら、とげに　ちくりと　さされて　しまいます。
また、とげが　たくさん　生《は》えると、サボテンの

からだの　日《ひ》よけに　なるし、
夜《よる》には、空気《くうき》の　中《なか》の　水分《すいぶん》を
あつめる　はたらきも　あります。
サボテンの　とげは、いろいろな
方《ほう》ほうで、からだの　中《なか》に　ある
だいじな　水《みず》を　まもって
いるのですね。

どうして 花《はな》は きれいなの？

にわや 花《か》だんで 花《はな》を そだてたり、花《はな》やさんで花《はな》を 買《か》って、へやに かざったり。だけど、花《はな》は、わたしたちを よろこばせるために、きれいに さいている わけでは ありません。花《はな》には、たねを つくるための、だいじな やく目《め》が あるのです。

花《はな》には、おしべと　めしべが　あります。おしべの　先《さき》には、花《か》ふんと　いう　こなが　できます。めしべの　先《さき》は、ねばねばして　います。ここに、花《か》ふんが　くっつきます。すると、めしべの　ねもとの　たねに　なる　ところが　大《おお》きく　なって、たねが　できるのです。

一《ひと》つの　花《はな》の　中《なか》の　おしべと　めしべで、

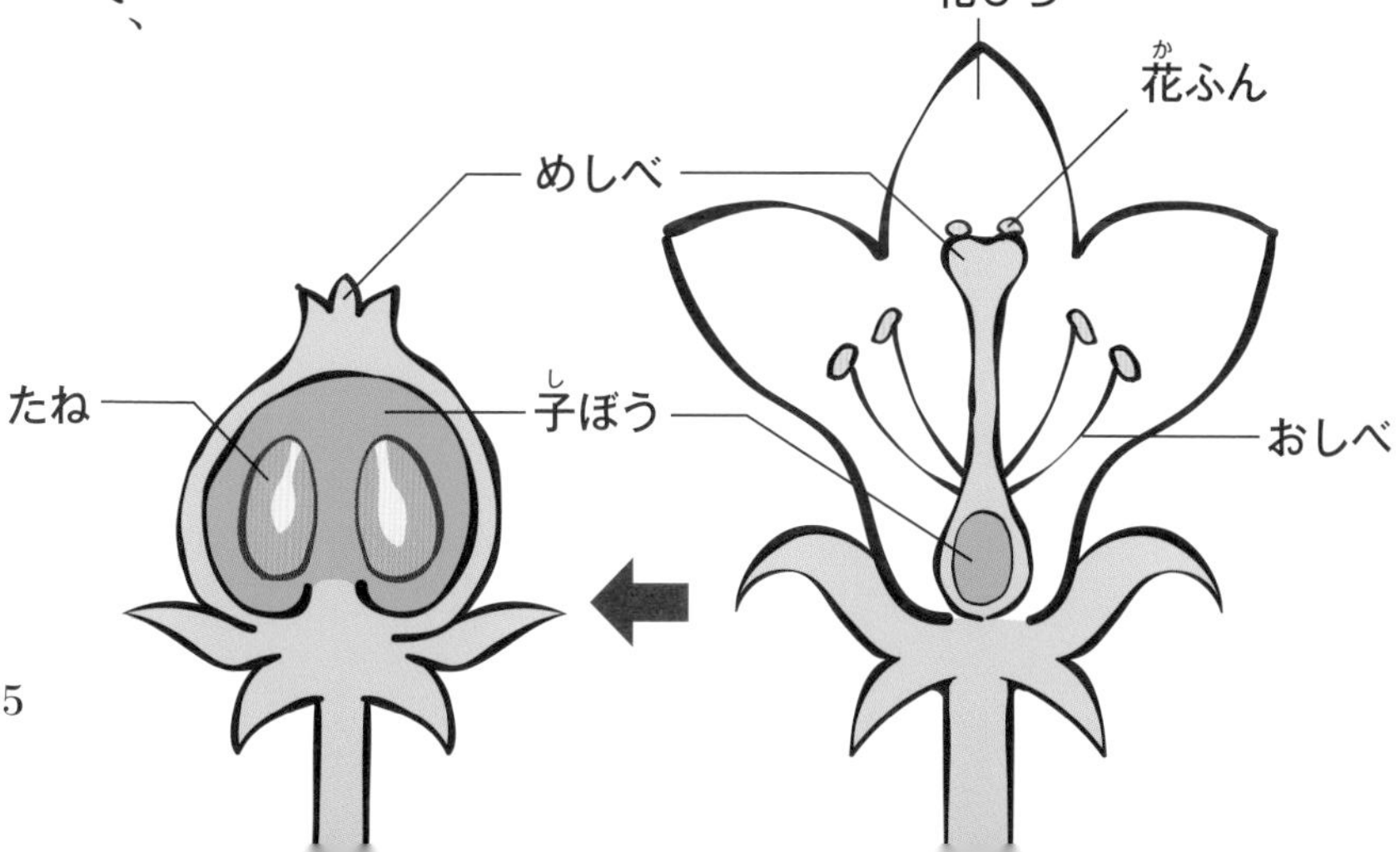

たねを　つくる　花《はな》も　ありますす。でも、よそで　さいて
いる　花《はな》の　花《か》ふんを　もらわないと、たねが　つくれない
花《はな》も　あります。しょくぶつは　うごけないから、花《か》ふんは
だれかに　はこんで　もらわないと　いけません。
そこで、虫《むし》が　大活《だいかつ》やくを　します。花《はな》は、あまい　みつと
虫《むし》の　ごちそうに　なる　花《か》ふんを　つくります。虫《むし》が
みつを　すうときや、花《か》ふんを　食《た》べる　とき、からだに
花《か》ふんを　つけます。そのまま　ほかの　花《はな》に　とんで　いき、

めしべに　花《か》ふんが　くっついたら、
大《だい》せいこう。たねが　できます。
きれいな　花《はな》は、「ここに　おいで！
おいしい　ものが　あるよ！」と、
虫《むし》に　知《し》らせる　目《め》じるしなのです。
みなさんも、ハンバーガーを　食《た》べたく　なったら、
ハンバーガーやさんの　かんばんを　さがしますよね。
みつや　花《か》ふんを　さがす　虫《むし》も　同《おな》じなのですよ。

たねを　まいて　いないのに、どうして　草《くさ》は　生《は》えるの？

道《みち》の　わきや、空《あ》き地《ち》に　生《は》えて　いる　いろいろな　草《くさ》は、だれが　たねを　まいたのでしょうか？

たねを　まいた　はん人《にん》を　さがして　みましょう。

草《くさ》の　たねには、とても　小《ちい》さい　ものが　あります。

小《ちい》さな　たねは、風《かぜ》に　のって、遠《とお》くまで　とんで

いきます。おっこちた ところに、土《つち》が あったら、たねは
めを 出《だ》す ことが できます。
林《はやし》や 草《くさ》むらを 通《とお》った あと、ようふくに、草《くさ》の たねが
くっついて いた ことは ありませんか？ どうぶつの
毛《け》や 人間《にんげん》の ふくに 引《ひ》っかかる ために、つりばりの
ような フックが ついて いるのです。その たねが、
空《あ》き地《ち》や 道《みち》で すてられたり、おちたり すると、そこで
めを 出《だ》す ことが できます。

鳥《とり》は、木《き》や　草《くさ》の　みを　食《た》べます。でも、たねは　かたいので、うんちと　いっしょに出《で》て　きます。鳥《とり》が、とんで　いって、うんちを　すると、たねが　はこばれたことに　なります。うんちから　めが出《で》るなんて　おもしろいですね。

アリに　はこんで　もらう　たねもあります。たねに　ついて　いる

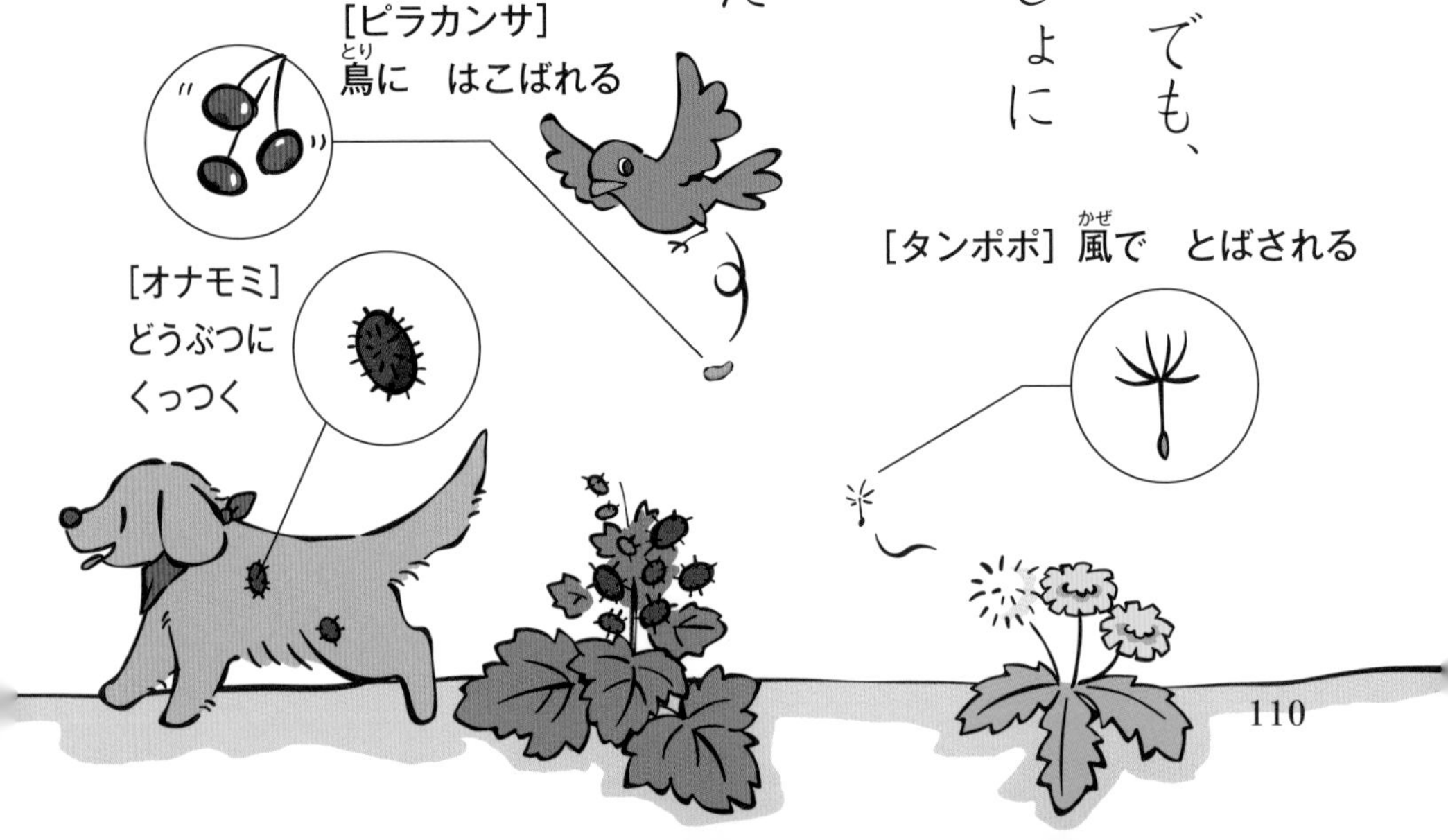

[ピラカンサ]
鳥《とり》に　はこばれる
[タンポポ] 風《かぜ》で　とばされる
[オナモミ]
どうぶつに
くっつく

ゼリーのような　ものを　食《た》べるために、アリが　すに　はこびます。だから、アリの　すの　近《ちか》くに、その　草《くさ》が　生《は》えて　きます。

たねは、いろいろな　ものに　はこんで　もらって、遠《とお》くに　たびを　します。

おうちの　近《ちか》くに　生《は》えて　いる　草《くさ》は、どこから、来《き》たのでしょう。聞《き》いて　みたいですね。

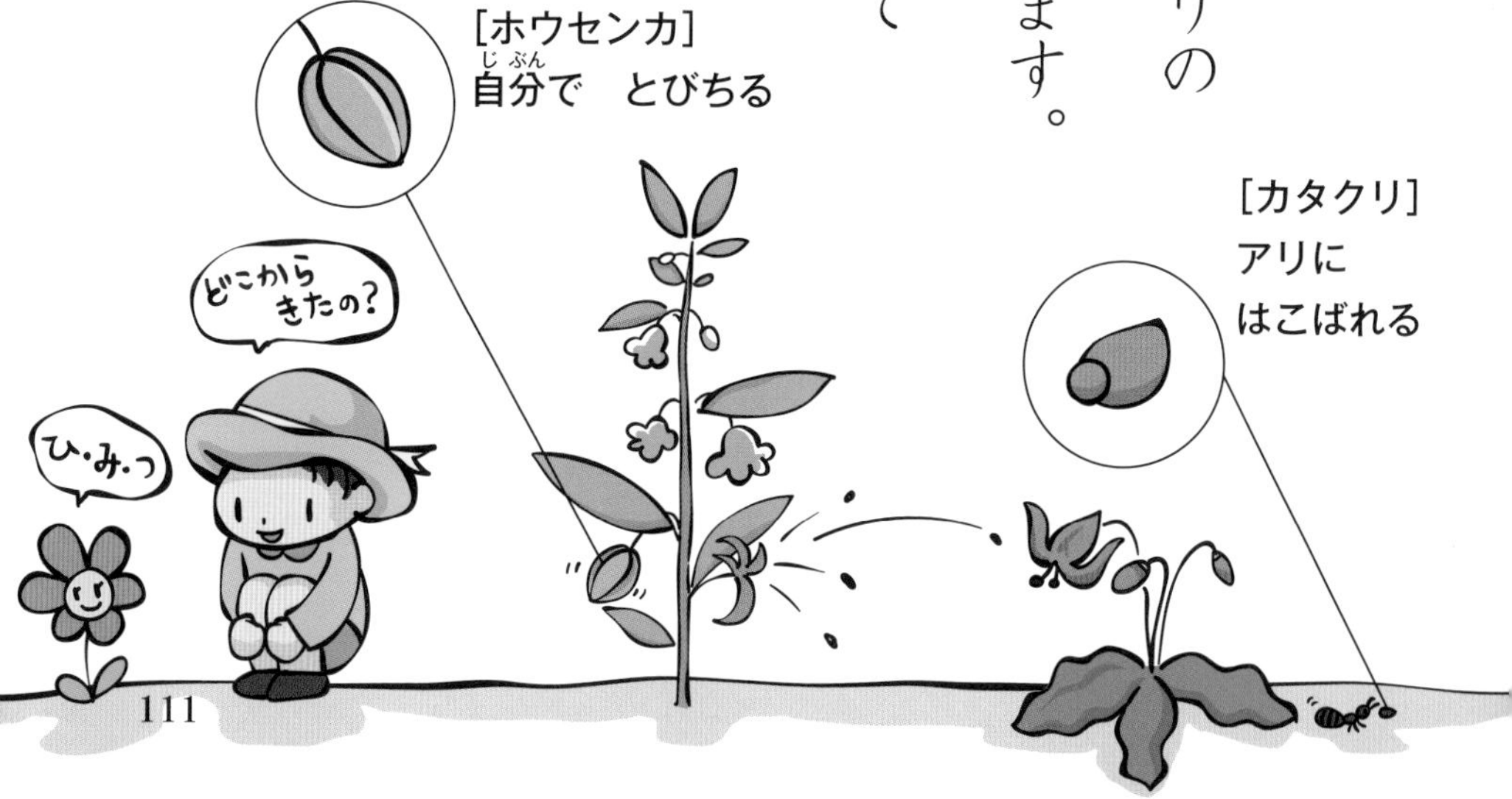
[ホウセンカ]
自分《じぶん》で　とびちる
[カタクリ]
アリに
はこばれる
どこから
きたの？
ひ・み・つ

カブトムシと　クワガタムシは　どっちが　強《つよ》いの？

夏《なつ》の　人気《にんき》もの、カブトムシと　クワガタムシ。どちらも、木《き》から　しみ出《で》る　しるを　なめます。しるが　たくさん　出《で》る　場《ば》しょは、虫《むし》に　大人気《だいにんき》のレストランです。

強《つよ》い　虫《むし》は、「どけどけ！　おれさまが　先《さき》だぞ」と、

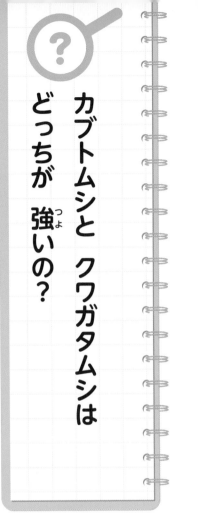

ほかの　虫《むし》を　どかして、しるを　なめます。
では、カブトムシと　クワガタムシが「おれが　先《さき》だ！」
と、けんかを　したら、どちらが　かつのでしょうか？
カブトムシの　ぶきは、長《なが》い　角《つの》。あい手《て》の　おなかの
下《した》に　角《つの》を　さしこんで、なげとばします。
クワガタムシの　ぶきは、大《おお》きく　ひらく　あご。
あい手《て》を　はさんで　もち上《あ》げて、
ほうりなげて　しまいます。

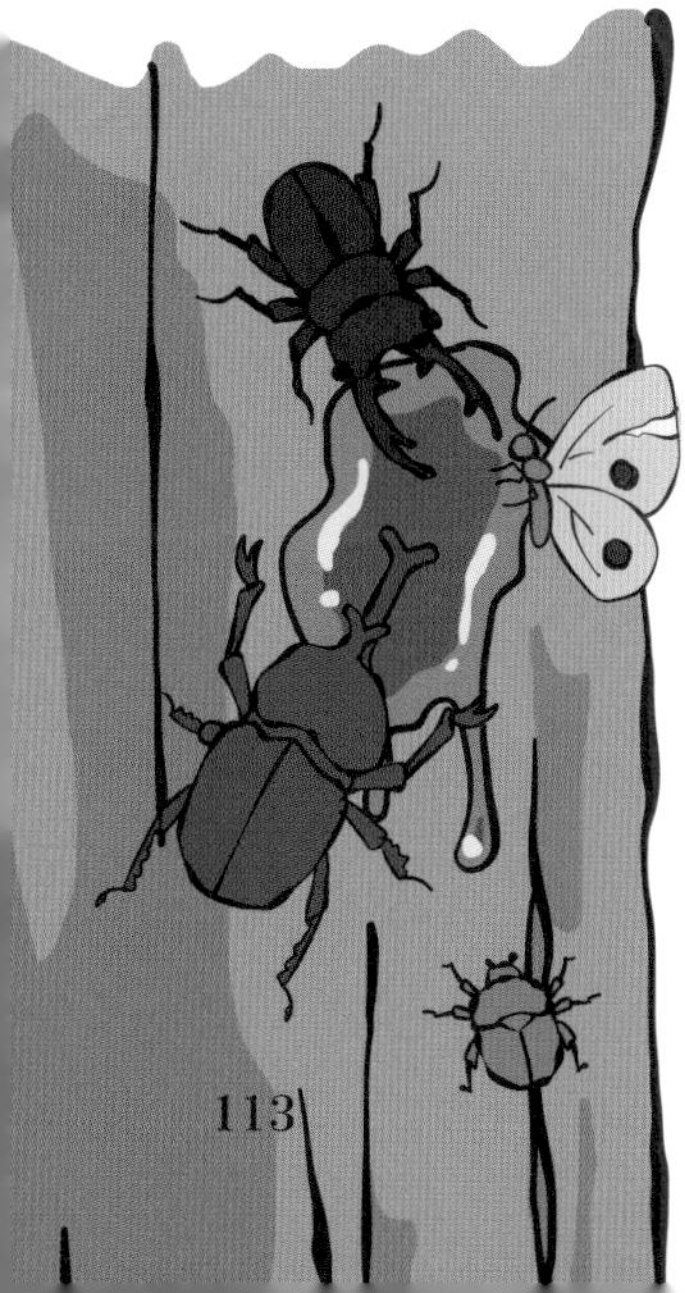

どちらの　ぶきも　強《つよ》そうです。ただ、木《き》の　上《うえ》での
けんかは、カブトムシが　かつ　ことが　多《おお》いようです。
クワガタムシは、あごで　カブトムシを　はさんで、
なげようと　します。でも、カブトムシは、足《あし》の　力《ちから》が
強《つよ》いので、木《き》に　つかまると、なかなか　うごかせません。
はんたいに　クワガタムシは、カブトムシの
大《おお》きな　角《つの》で　なげとばされて　しまいます。
虫《むし》の　けんかは、どちらかが　木《き》から

おちるか、にげるか　したら
おわりです。かった　虫《むし》が、
まけた　虫《むし》を　おいかけて、
いじめたりは　しません。
虫《むし》は、木《き》の　レストランの
じゅん番《ばん》を　まもっては
くれませんが、みなさんは、お店《みせ》で
ならんだら　じゅん番《ばん》を　ちゃんと　まもりましょうね。

セミが 大《おお》きい 声《こえ》で ずっと 鳴《な》けるのは なぜ？

夏休《なつやす》みに、いちばん 元気《げんき》な 虫《むし》は、セミかも しれません。「シャーシャーシャー」「ミーンミンミンミン」。毎日《まいにち》、いきおいの よい、セミの 声《こえ》が 聞《き》こえて きます。そんなに、大《おお》きな 声《こえ》で 歌《うた》いつづけたら、のどが いたく なって しまいます。セミの のどは、いたくは

ならないのでしょうか？

はい、なりません。だって　セミは、おなかで　鳴《な》いて　いるからです。

セミの　おなかには、さらのような　ものが　二《ふた》つ　ついて　います。さらの　内《うち》がわには、強《つよ》い　きん肉《にく》が　あります。きん肉《にく》の　先《さき》に、音《おと》を　出《だ》す　まくが　ついて　います。

【セミの　オス】

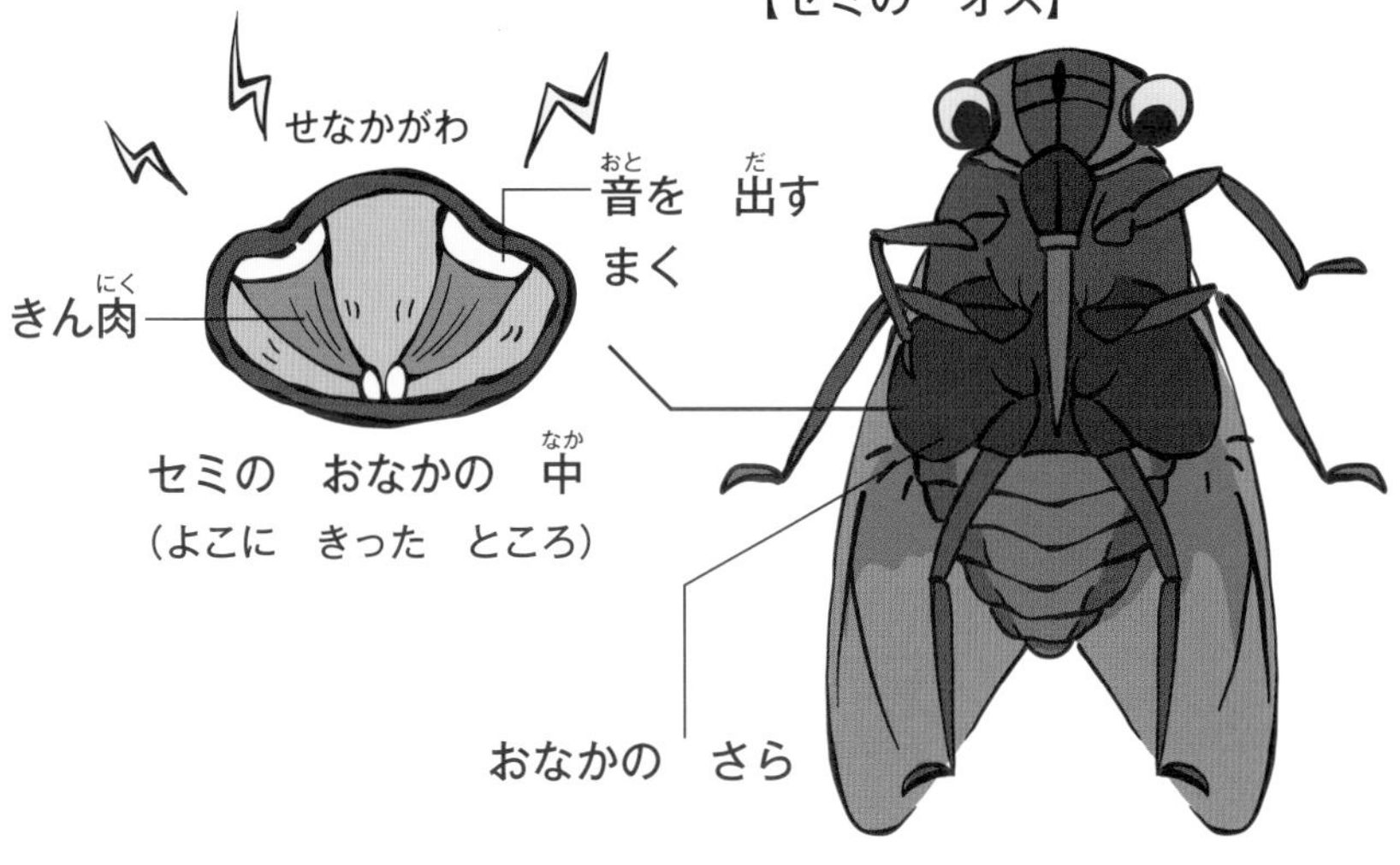
せなかがわ
音《おと》を　出《だ》す
まく
きん肉《にく》
セミの　おなかの　中《なか》
（よこに　きった　ところ）
おなかの　さら

きん肉《にく》を　ぐいぐいと　うごかすと、まくが　ふるえて、音《おと》が　出《で》ます。まくから　出《で》た　音《おと》は、セミの　おなかの中《なか》で　ひびいて、とても　大《おお》きな　声《こえ》に　なるのです。鳴《な》いて　いる　セミは、ぜんぶ　オスです。メスは　鳴《な》きません。オスの　セミは、「ぼくは　ここに　います！　およめさんに　来《き》て　ください！」と、大《おお》きな　声《こえ》で　メスを　よんで　いるのです。

セミは、土《つち》の　中《なか》で　何年《なんねん》も　くらして、大人《おとな》に　なると

外《そと》に　出《で》て　きます。でも、外《そと》で　生《い》きて　いられるのは、
十日《とおか》から　二週間《にしゅうかん》ほど。その　あいだに　けっこんして、
メスに　たまごを　うんで　もらわなければ
なりません。
セミは、毎日《まいにち》　力《ちから》いっぱい
鳴《な》いて　います。
「うるさい！」なんて
いわないで　くださいね。

ダンゴムシは　どうやって　丸《まる》く　なるの？

ダンゴムシって、知《し》って　いますか？　うえ木《き》ばちや　石《いし》を　もち上《あ》げると、ごそごそと　出《で》て　くる　ことが　ありますね。見《み》つけたら、手《て》のひらに　のせて　みましょう。ころころっと　丸《まる》く　なりますね。かわいいけれど、ダンゴムシに　とっては、たいへんな　じけんです。ダンゴムシは、きけんを

かんじたり、きゅうに 強《つよ》い 光《ひかり》を 見《み》たり すると、あわてて からだを 丸《まる》めます。かたい からが あるのに、どうして ボールのように、まん丸《まる》に なれるのでしょう？

ダンゴムシの からだは、頭《あたま》と おしりの あいだが、七《なな》つに 分《わ》かれて います。ひとつひとつ、前《まえ》と 後《うし》ろの からが ちょっとだけ かさなって、うすい かわで つながって います。

ダンゴムシは、きけんを かんじると、からだを

ちぢめます。七《なな》つの　ぶぶんは、やわらかい
かわの　ところで、ぐいっと　まがります。
ぜんぶが　まがれば、ボールのように
丸《まる》く　なるのです。
　ダンゴムシが　せい長《ちょう》して
大《おお》きく　なると、かたい　からは
きゅうくつに　なります。そこで、
小《ちい》さく　なった　からを　ぬぎます。

ぬぎ方《かた》は、きまって います。まず、からだの 後《うし》ろ半分《はんぶん》。つぎに 前半分《まえはんぶん》を ぬぎます。ぬいだ からは 食《た》べて しまいます。からにも 少《すこ》し えいようが あるので、すてるのは もったいないですよね。

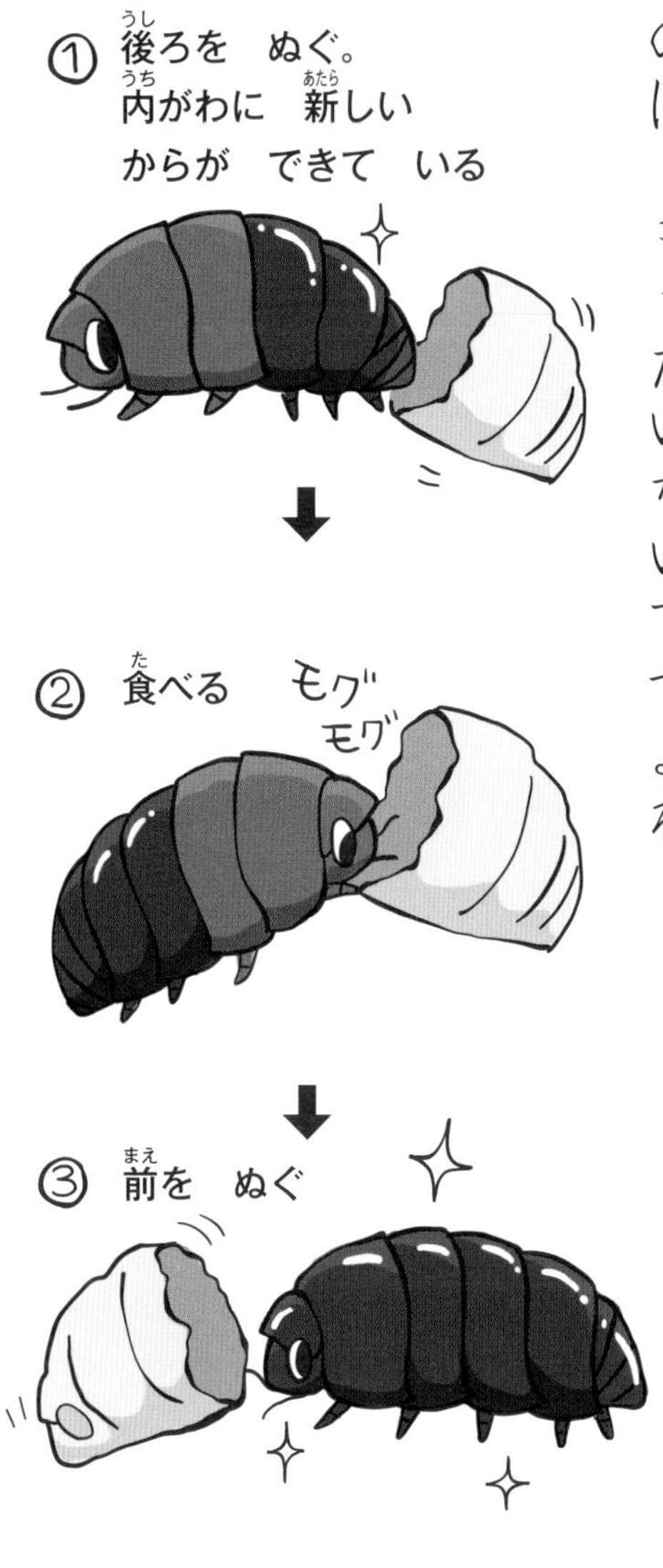

① 後《うし》ろを ぬぐ。
内《うち》がわに 新《あたら》しい からが できて いる
② 食《た》べる
モグ
モグ
③ 前《まえ》を ぬぐ

（※ダンゴムシはこん虫に近いなかまの生きものです）

テントウムシは　どうして　上《うえ》に　のぼってから　とぶの？

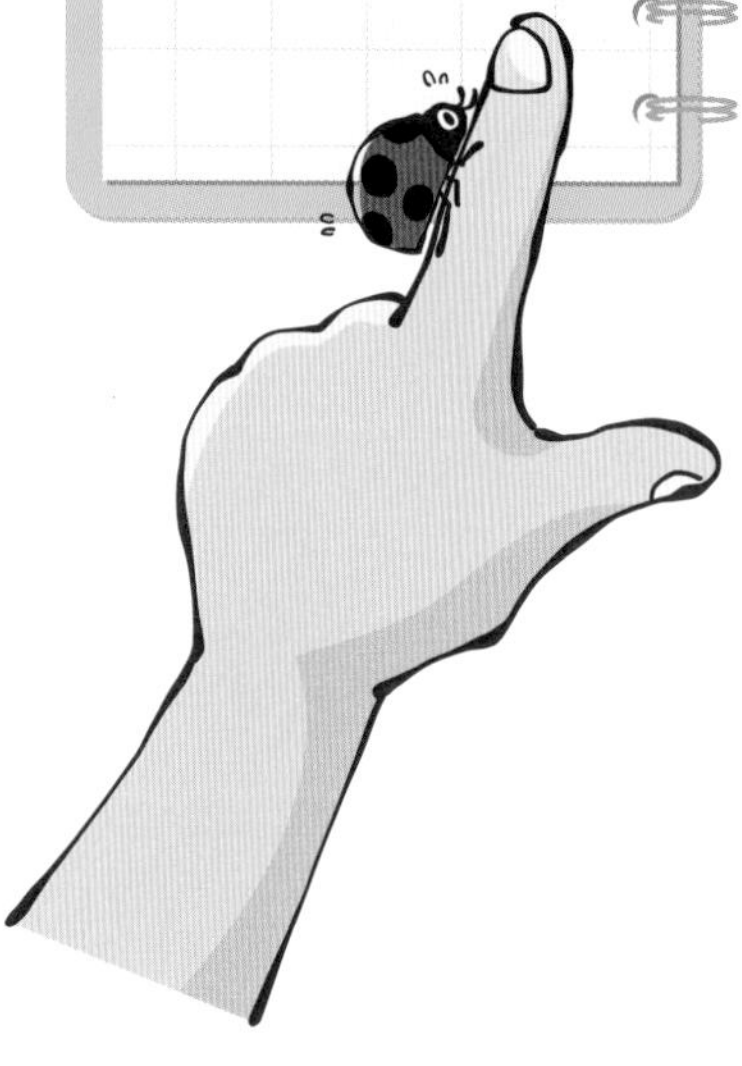

テントウムシを　見《み》つけたら、手《て》のひらに　のせてみましょう。そのまま　ゆび先《さき》が　上《うえ》に　なるように、手《て》を　立《た》てて　みます。テントウムシは、どうしましたか？ゆび先《さき》に　むかって、まっしぐらに　歩《ある》いて　いきますね。そして　ゆび先《さき》に　とうちゃくしたら、羽《はね》を　広《ひろ》げて

とんだのでは　ありませんか？　テントウムシには、まわりより　高《たか》い　ところから　とび立《た》つ　せいしつがあるのです。どうしてでしょうか？

それは、テントウムシが　とぶのが　にが手《て》だからではないかと　考《かんが》えられて　います。たしかにテントウムシは、丸《まる》っこくて、トンボや　チョウとは、ずいぶん　からだつきが　ちがいますね。

テントウムシは、カブトムシや　クワガタムシと　同《おな》じ、

かたい　羽《はね》を　もった　虫《むし》です。かたい
羽《はね》の　下《した》には、とう明《めい》な　やわらかい
羽《はね》が　あります。
やわらかい　羽《はね》は、とても　長《なが》く、
からだの　二《に》ばいくらい　あります。
ふだんは、きちんと　おりたたまれて、
かたい　羽《はね》の　下《した》に　しまわれて　います。
まわりより　高《たか》い　ところで　あれば、

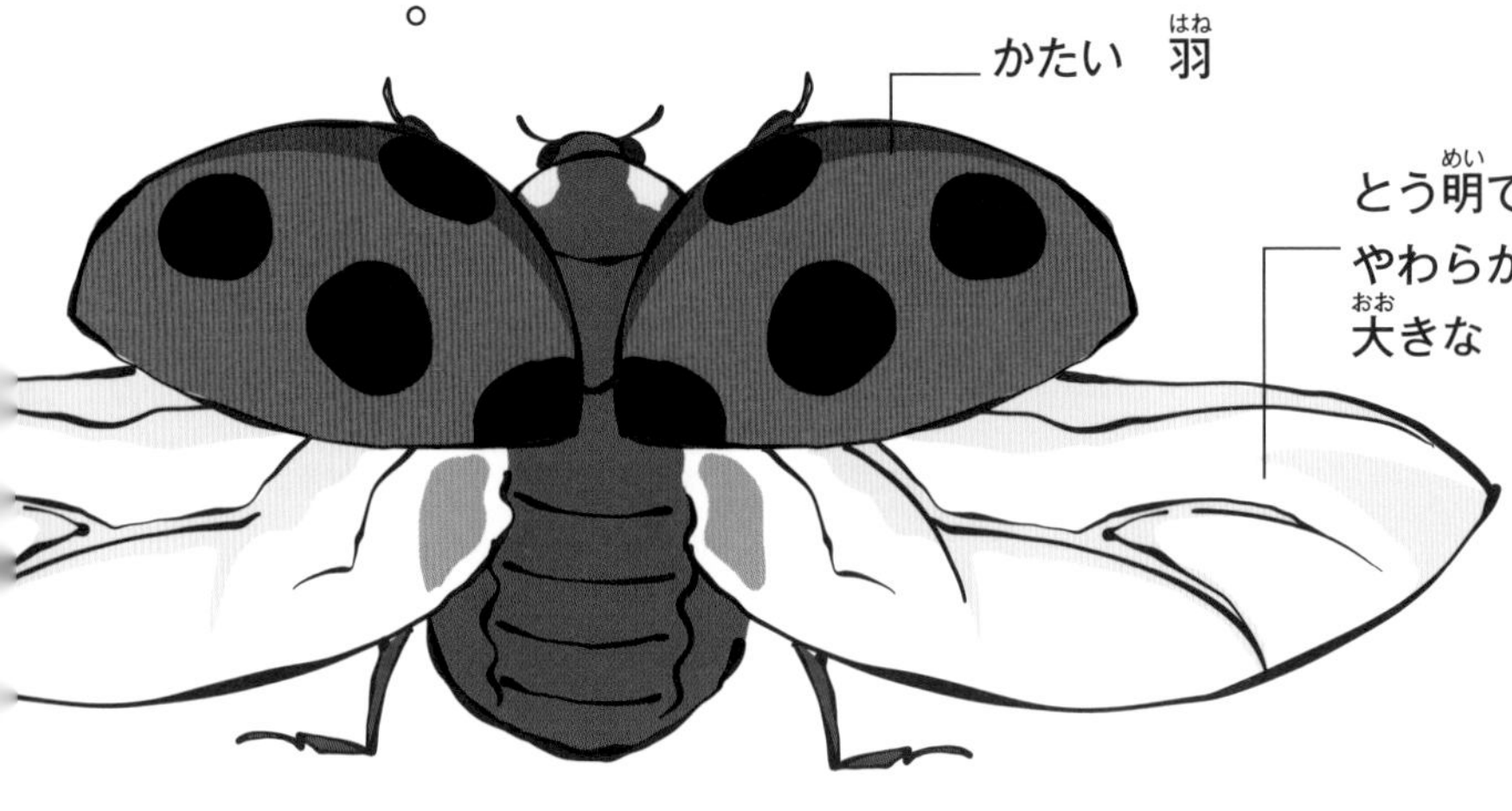

大《おお》きい　羽《はね》を　広《ひろ》げるのに、じゃまに　なる　ものは　ありません。高《たか》い　ところから　おっこちるように　とび出《だ》して、一生《いっしょう》けんめいに　羽《はね》を　うごかして、遠《とお》くへ、とんで　いくのです。

　テントウムシは　かん字《じ》で「天道虫《てんとうむし》」と、書《か》きます。天道《てんとう》とは、お日《ひ》さまの　ことです。お日《ひ》さまに　むかって　とび立《た》つ　虫《むし》と　いう　いみが　あるのですよ。

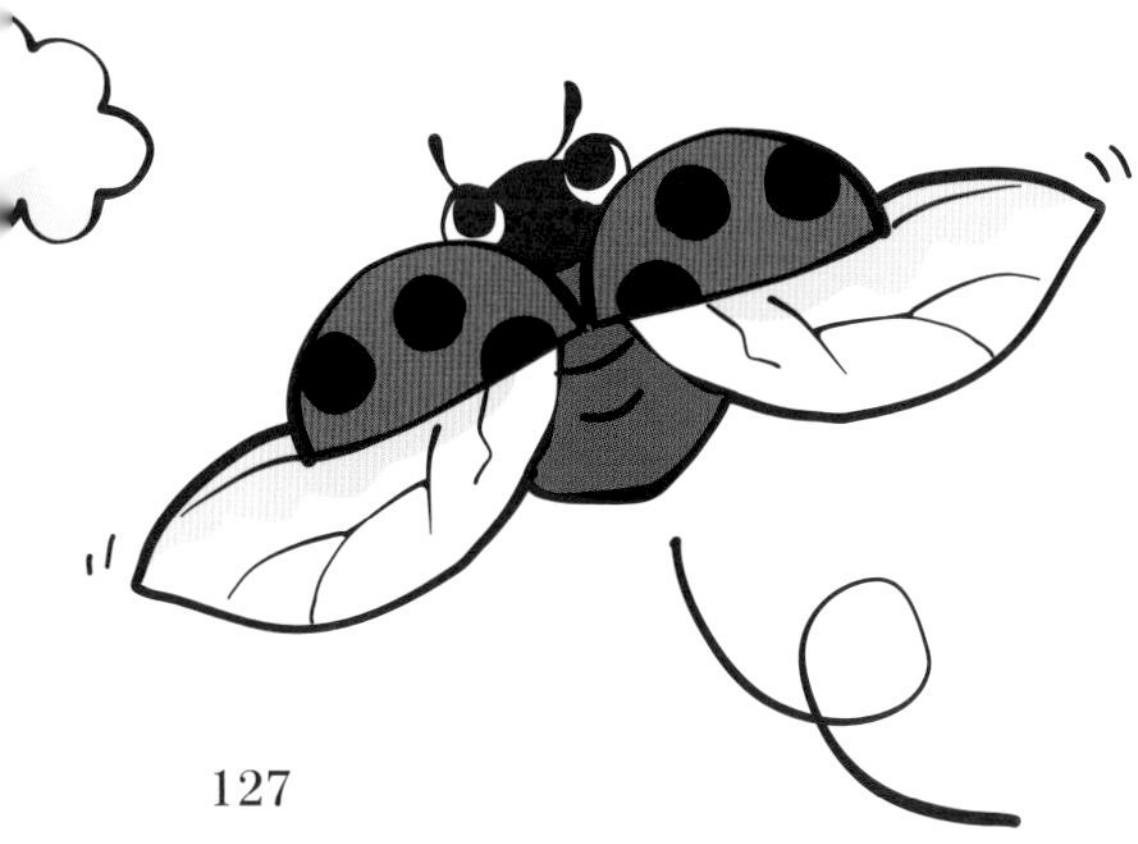

虫《むし》を 食《た》べる しょくぶつが いるって 本当《ほんとう》？

しょくぶつは、虫《むし》や どうぶつに 食《た》べられる だけでは ありません。虫《むし》を 食《た》べる しょくぶつが いるんですよ。虫《むし》を 食《た》べる しょくぶつを 「食虫《しょくちゅう》しょくぶつ」と いいます。食虫《しょくちゅう》しょくぶつは、葉《は》っぱなどで 虫《むし》を つかまえます。そして、つかまえた 虫《むし》から、えいよう分《ぶん》を

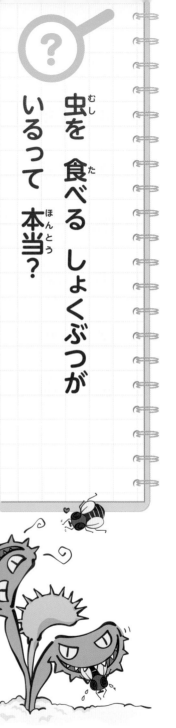

すいとるのです。こわいですね。だけど、食虫《しょくちゅう》しょくぶつも
一生《いっしょう》けんめい　がんばって　いるのですよ。
食虫《しょくちゅう》しょくぶつは、しめり気《け》が　多《おお》い　ぬまなどに　生《は》えて
います。お日《ひ》さまは　よく　当《あ》たるし、水《みず》も　あります。
でも、土《つち》の　中《なか》の　えいよう分《ぶん》が　少《すく》ないのです。だから、
虫《むし》を　食《た》べて、えいよう分《ぶん》に　して　いるのです。いい
においを　出《だ》して、虫《むし》を　さそって　つかまえる　ものや、
虫《むし》が　わなに　おちるのを　まって　いる　ものも　います。

わたしたちの　まわりに、
食虫《しょくちゅう》しょくぶつは　あまり
生《は》えて　いませんが、
花《はな》やさんで　売《う》られて　いる
ことが　あります。へやに
おいたら、虫《むし》を　つかまえる
ところが　見《み》られるかも
しれませんよ。

[ウツボカズラ]
ふくろの　中《なか》に
虫《むし》を　おとす

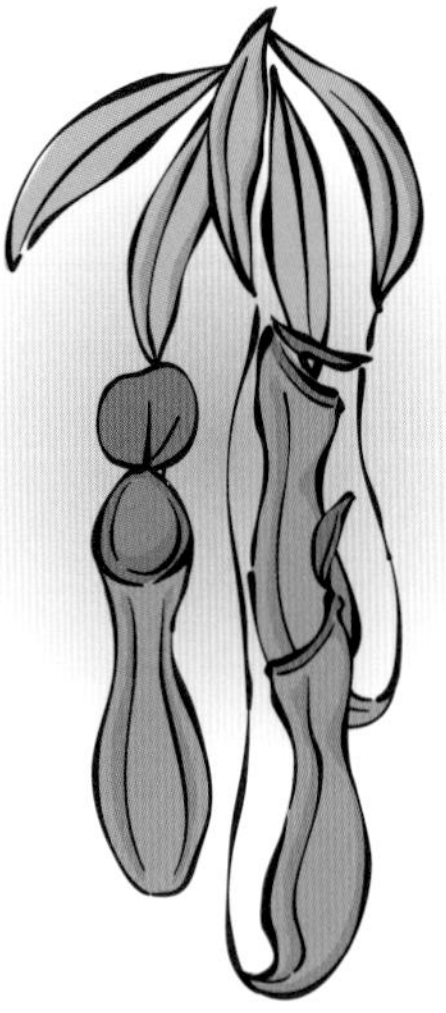

[ハエトリソウ]
ぱたんと　虫《むし》を
はさむ

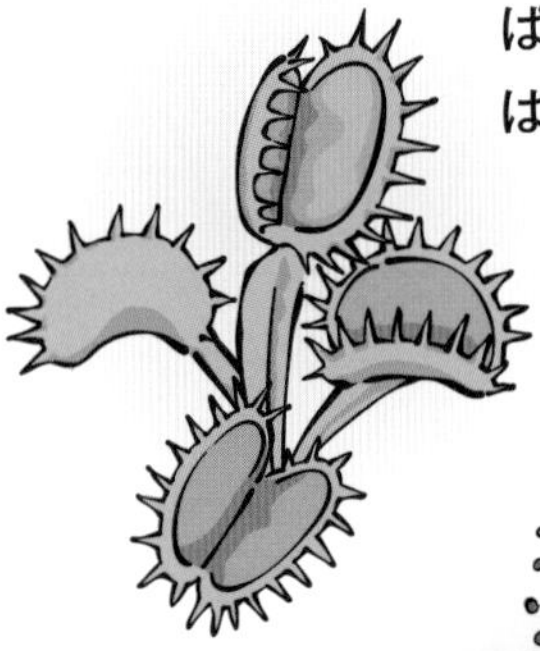

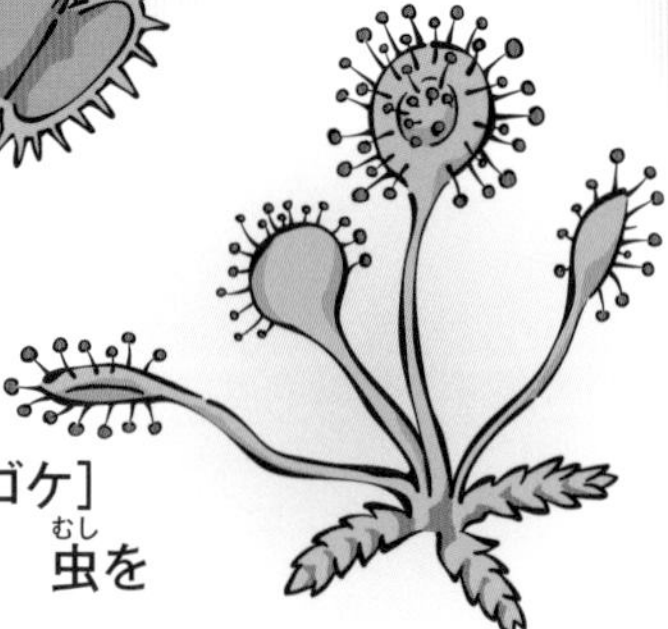

[モウセンゴケ]
ねばねばに　虫《むし》を
くっつける

地《ち》きゅう・うちゅうのふしぎ

イラスト／ひろゆうこ

雨《あめ》は　どうして　ふるの？

雨《あめ》は、すきですか？「外《そと》で　あそべないから　きらい」と、いう　人《ひと》も　いるでしょうね。雨《あめ》は、どうして　ふるのでしょうか？

海《うみ》に　お日《ひ》さまの　光《ひかり》が　当《あ》たると、海《うみ》の　水《みず》は、目《め》には　見《み》えない　すがたと　なって、空《そら》へ　上《あ》がって　いきます。

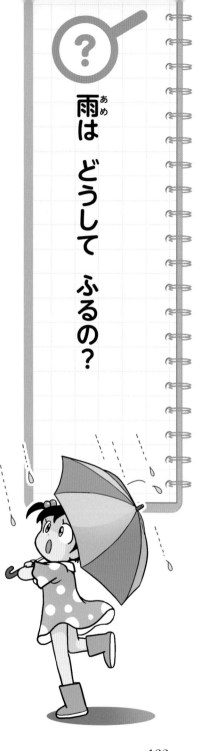

これが　「水《すい》じょう気《き》」です。空《そら》の　上《うえ》は　さむいので、
水《すい》じょう気《き》は　小《ちい》さな　水《みず》や　こおりの　つぶに
かわります。つぶは　あつまって　雲《くも》に　なります。
そして、雲《くも》の　中《なか》で　つぶが　合体《がったい》して、だんだん
大《おお》きくなると、おもく　なって　おちて　きます。こうして、
雨《あめ》が　ふるのです。ふった　雨《あめ》は、どう　なるのでしょう。
川《かわ》に　なって　ながれ、海《うみ》に　そそぎます。地《じ》めんに
しみこんだ　雨《あめ》も、地下水《ちかすい》と　なって、やっぱり　さいごは

海《うみ》に　たどりつきます。
そして、その　いちぶは　また
水《すい》じょう気《き》に　なって、空《そら》へ
上《あ》がるのです。
水《みず》は、海《うみ》と　空《そら》と　りくの
あいだを、水《みず》や　水《すい》じょう気《き》や
こおりと　かたちを　かえながら
ぐるぐると　回《まわ》って　いるのですね。

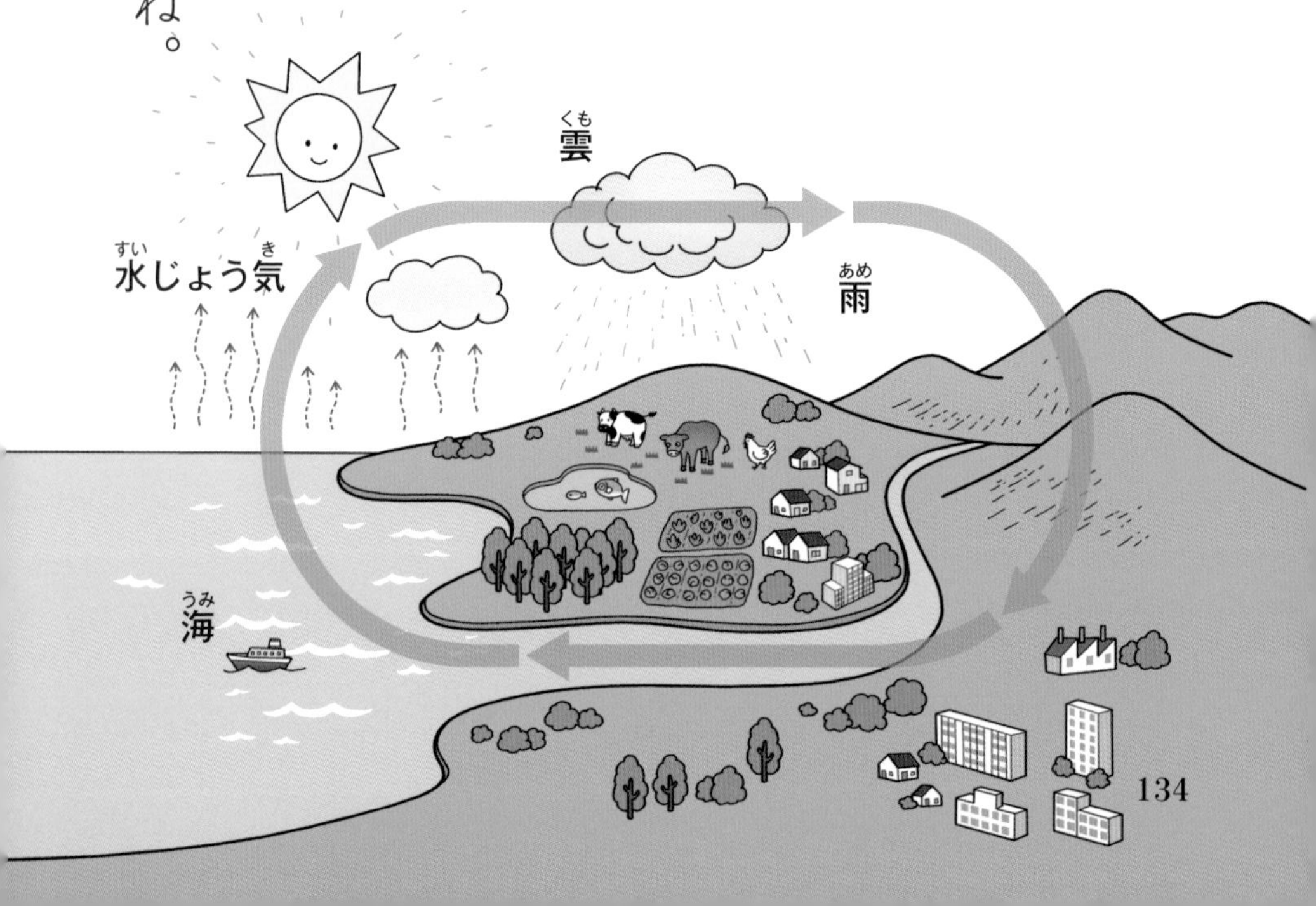

だから、こんど　雨《あめ》が　ふったら、水《みず》が　ぐるぐる回《まわ》りの
たびを　して　いる　ことを、思《おも》い出《だ》して　みて　ください。
たびの　とちゅうで、雨《あめ》は　お米《こめ》や　野《や》さいや　ぼく場《じょう》の
牛《うし》が　食《た》べる　草《くさ》を　そだてます。池《いけ》に　たまって、
オタマジャクシや　魚《さかな》の　すみかと　なり、わたしたちの
つかう　水道《すいどう》の　水《みず》にも　なるのです。
わたしたちは、雨《あめ》が　ふって　くれる　おかげで、生《い》きて
いる　ことが　できるんですね。

つ波《なみ》と 波《なみ》は、どう ちがうの？

つ波《なみ》が 海《うみ》べの 町《まち》に おしよせて、家《いえ》も 車《くるま》も ながして しまう ようすを テレビなどで 見《み》た ことの ある 人《ひと》も いるでしょう。

ところで、つ波《なみ》は、大《おお》きな 波《なみ》とは

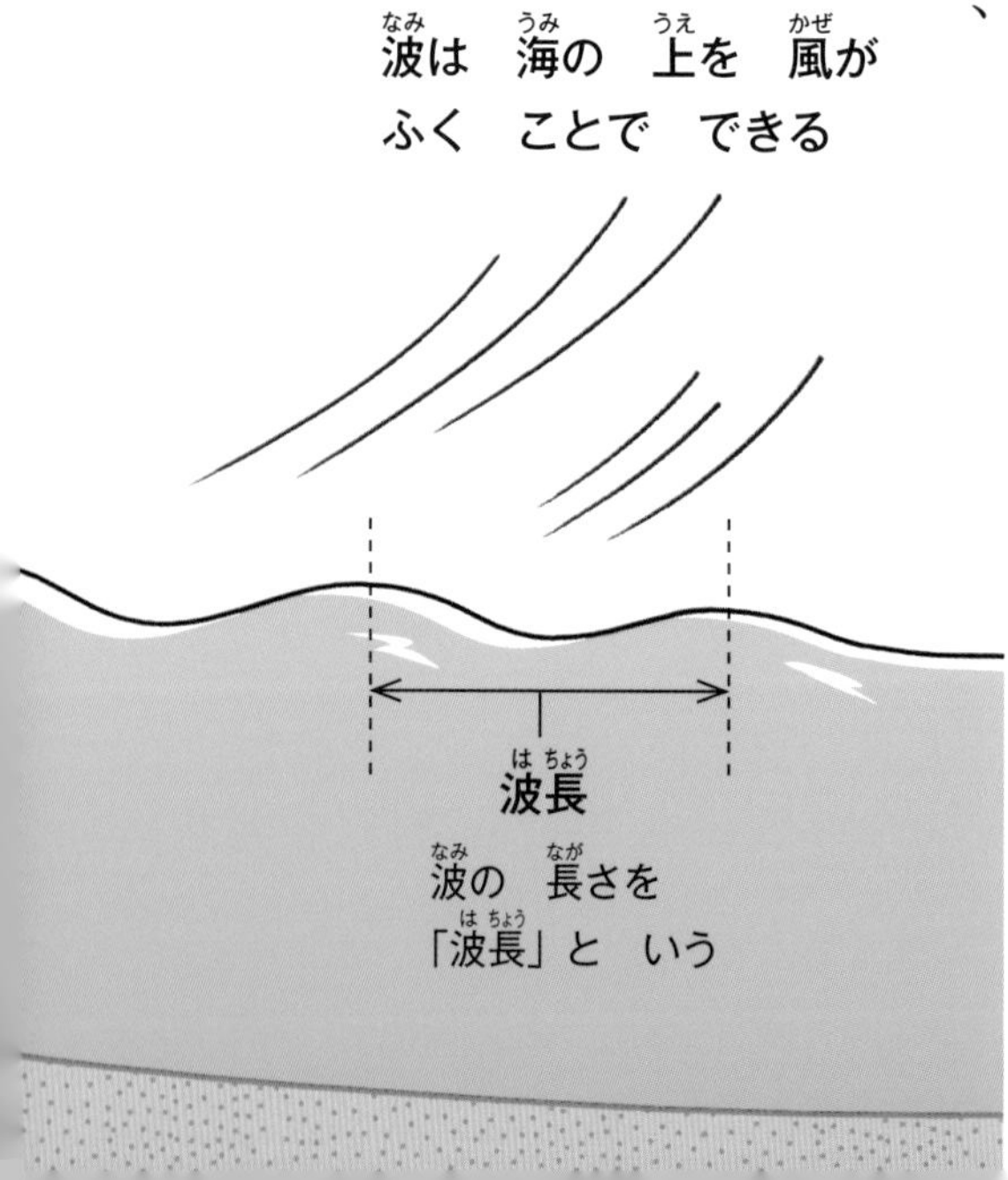
波《なみ》は 海《うみ》の 上《うえ》を 風《かぜ》が ふく ことで できる
波長《はちょう》
波《なみ》の 長《なが》さを 「波長《はちょう》」と いう

ちがうのでしょうか？
ふつうの 波《なみ》は、風《かぜ》が つくります。
遠《とお》くの 海《うみ》で、風《かぜ》が 海《うみ》の ひょうめんを ゆらし、小《ちい》さな 波《なみ》を つくります。
小《ちい》さな 波《なみ》は、だんだんと 大《おお》きな 波《なみ》に なり、ゆっくりと 海《うみ》を たびして、はまべまで やって きます。

波《なみ》は きしの 近《ちか》くでは
波長《はちょう》が みじかく なり
波高《はこう》が 高《たか》く なるのね
波《なみ》の 高《たか》さを
「波高《はこう》」と いう
波高《はこう》

いっぽう、つ波《なみ》は、地《じ》しんが
つくります。海《うみ》の 中《なか》で
地《じ》しんが おこると、海《かい》ていの
かたちが かわる ことが あります。
すると、海《うみ》の 水《みず》が きゅうに
うごかされます。これが つ波《なみ》の
はじまりです。つ波《なみ》は、ものすごい
スピードで まわりに 広《ひろ》がります。

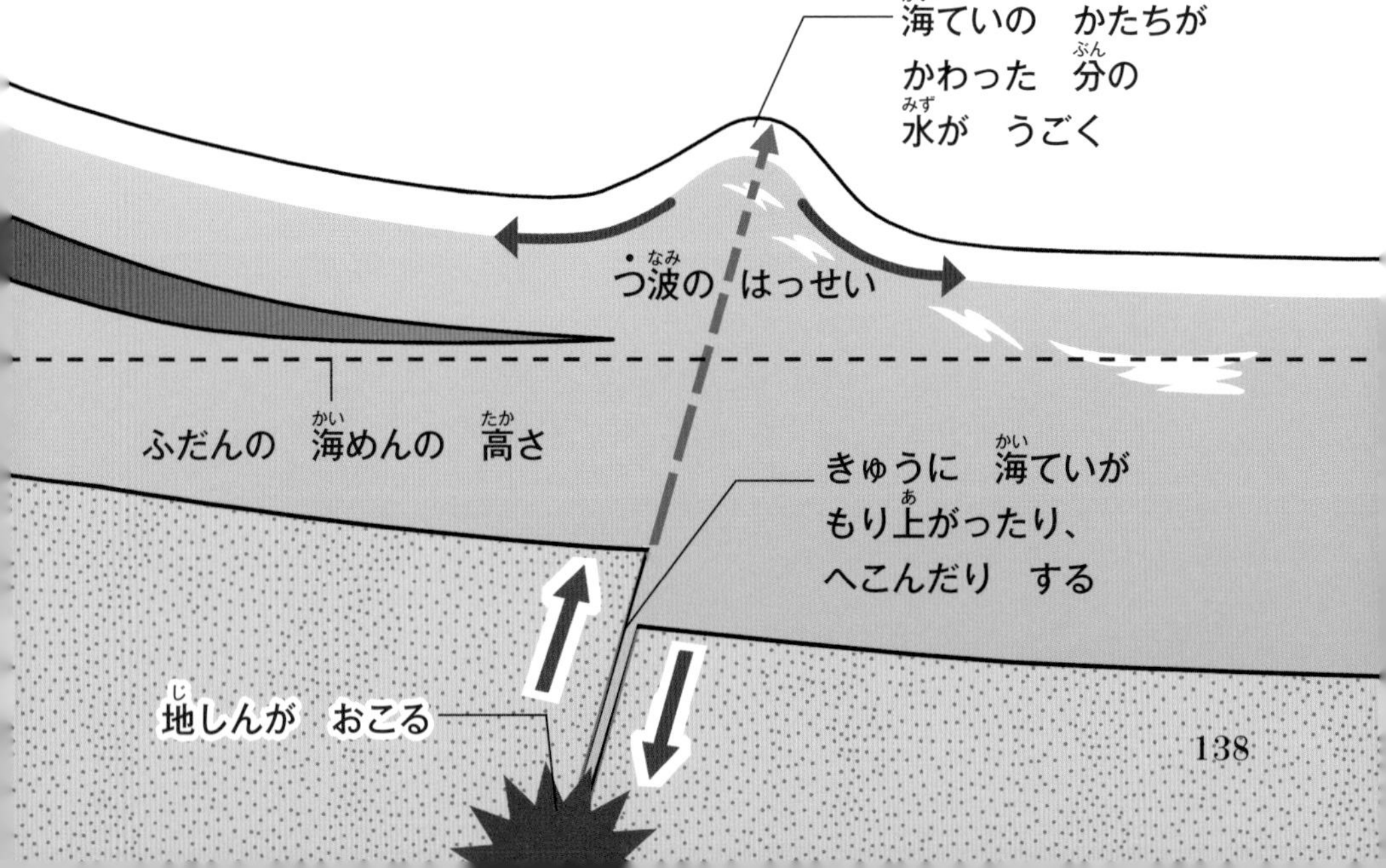

海《かい》ていの かたちが
かわった 分《ぶん》の
水《みず》が うごく
つ波《なみ》の はっせい
ふだんの 海《かい》めんの 高《たか》さ
きゅうに 海《かい》ていが
もり上《あ》がったり、
へこんだり する
地《じ》しんが おこる

とても　ふかい　海《うみ》では、
時《じ》そく　八百《はっぴゃく》キロメートルと
いう、ジェットきと
同《おな》じくらいの　はやさに
なるとも　いわれて
います。
つ波《なみ》は、おそろしい　力《ちから》を
もって　いる　波《なみ》なのです。

つ波《なみ》は、海《かい》がんの　近《ちか》くでは、
いっきに　波《なみ》が　高《たか》くなる。
水《みず》の　かべのように　なって、
たくさんの　水《みず》が　おしよせる
つ波《なみ》は、ふくらはぎくらいの
高《たか》さの　小《ちい》さな　ものでも、
大人《おとな》の　人《ひと》を　おしたおす
力《ちから》が　ある

北極海《ほっきょくかい》の　こおりが　とけたら、りく地《ち》は　しずむの？

北極《ほっきょく》は、北極海《ほっきょくかい》の　海《うみ》の　水《みず》が　こおって　できたこおりの　しまのような　ところです。こおりの　下《した》にりく地《ち》が　なく、海《うみ》の　上《うえ》に　うかんで　います。今《いま》、地《ち》きゅうは　あたたかく　なって　いて、北極《ほっきょく》のこおりも　だんだん　小《ちい》さく　なって　います。もし、

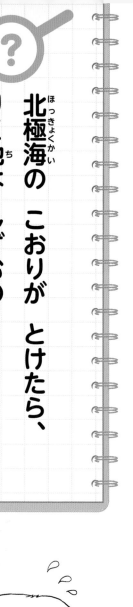

北極《ほっきょく》の　こおりが　ぜんぶ　とけて　しまったら、海《うみ》の
水《みず》で　りく地《ち》は　しずんで　しまうのでしょうか？
コップに　水《みず》と　こおりを　入《い》れ、こおりが　とける
前《まえ》と、とけた　あとの　水《すい》めんの　高《たか》さを　かんさつして
みましょう。どうですか？　こおりが　とけても、水《すい》めんの
高《たか》さは　ほとんど　かわりませんね。
これと　同《おな》じで、北極《ほっきょく》の　こおりが　とけても、海《うみ》の　水《みず》の
高《たか》さは　かわらないので、りく地《ち》は　ほとんど

しずまないのです。

でも、南極《なんきょく》の　こおりが　とけたら、たいへんです。南極《なんきょく》は、北極《ほっきょく》とは　ちがい、あつい　こおりの　下《した》には、大《たい》りくが　あります。とても　大《おお》きくて、めんせきは　日本《にほん》の　およそ　三十六《さんじゅうろく》ばい　あります。

せかいじゅうの　りくの　上《うえ》に　ある

こおりの　大《だい》ぶぶんが、南極《なんきょく》の
こおりです。
南極《なんきょく》の　こおりが　ぜんぶ
とけたら、海《うみ》の　水《みず》は　今《いま》より、
数十《すうじゅう》メートルも　上《あ》がり、
せかいじゅうの　たくさんの
りく地《ち》が　海《うみ》に　しずんで
しまうと　いわれて　います。

南極《なんきょく》
大《たい》りくの　上《うえ》に　こおりが　のって　いるから、とけたら　たいへん!!
大《たい》りく

空気《くうき》に　ふくまれて　いる　さんそは　どうやって　できたの？

空気《くうき》は、いつも　まわりに　あるのが当《あ》たり前《まえ》ですね。なくなって　しまったら、たいへん！　わたしたちは、生《い》きて　いられません。こんなに　大切《たいせつ》な空気《くうき》は、いつ、どうやって、できたのでしょう。

空気《くうき》は　地《ち》きゅうが　できた　ころに　できました。でも、

そのころの　空気《くうき》は、今《いま》の　空気《くうき》と　ぜんぜん　ちがって　いました。「さんそ」と　いう　ものが　ほとんど　入《はい》って　いなかったのです。さんそは、今《いま》の　空気《くうき》には　たくさん　入《はい》って　いて、わたしたちが　生《い》きて　いくのに、なくては　ならない　ものです。

その　さんそは、生《い》きものが　つくりました。大《おお》むかしの　海《うみ》の　中《なか》で　さいしょの　生《い》きものが　生《う》まれ、しばらく　すると、さんそを　つくる　生《い》きものが　あらわれました。

それは、「シアノバクテリア（らんそう）」と　よばれる
小《ちい》さな　生《い》きものでした。シアノバクテリアは、お日《ひ》さまの
光《ひかり》が　大《だい》すきでした。明《あか》るい　日《ひ》の　さす、あさい　海《うみ》で
くらしながら、シアノバクテリアは　なかまを　どんどん
ふやして　いきました。そして、長《なが》い　長《なが》い　時間《じかん》を
かけて、海《うみ》の　中《なか》だけでは　なく、空気《くうき》の　中《なか》の　さんそを
ふやして　いったのです。
シアノバクテリアは　今《いま》も　いて、さんそを　つくり

つづけて　います。そして、今《いま》では、
ほかの　いろんな　しょくぶつも
さんそを　つくって　います。
シアノバクテリアや　しょくぶつが、
たくさんの　さんそを　つくって
くれた　おかげで、地《ち》きゅうは、
今《いま》のような　生《い》きものの
いのちが　あふれる　星《ほし》に　なったのです。

シアノバクテリア（らんそう）の　しがいは、かたまって
ストロマトライトと　いう　岩《いわ》を　つくって　いる

どうして 地《じ》しんは おきるの？

とつぜん、地《じ》めんが　ぐらぐら　ゆれる　地《じ》しん。本当《ほんとう》に
こわいですね。日本《にほん》は、たいへん　地《じ》しんの　多《おお》い　国《くに》です。
多《おお》い　年《とし》は　やく一万回《いちまんかい》、少《すく》ない　年《とし》でも　千回《せんかい》より
多《おお》くの、からだに　かんじる　地《じ》しんが　おきて　います。
なぜ　こんなに　地《じ》しんが　おきるのでしょう。

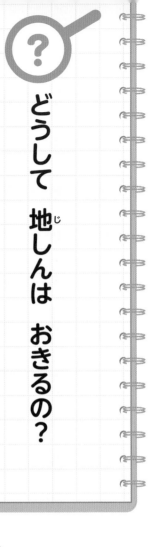

地《ち》きゅうは、十二《じゅうに》まいくらいの「プレート」と　いう、岩《いわ》の　いたで　おおわれて　います。そして、プレートは、りくや　海《うみ》を　のせた　まま、うごいて　います。わたしたちの　足《あし》もとの　地《じ》めんも、りくの　プレートに　のっかって　毎年《まいとし》　数《すう》センチメートルずつ　うごいて　いるのです。

プレートの　さかい目《め》では、海《うみ》を　のせて　いる　プレートが、りくを　のせて　いる　プレートの　下《した》に　しずみこんで　います。そして　ときどき、海《うみ》の　プレートに

引《ひ》きこまれた　りくの　プレートが、
はがれて　はね上《あ》がります。
すると、地《じ》しんが　おこるのです。
また、プレートの　さかい目《め》の
近《ちか》くには、火山《かざん》が　たくさん
できます。こうした　火山《かざん》も
地《じ》しんを　おこします。
日本《にほん》は、四《よっ》つの　プレートが

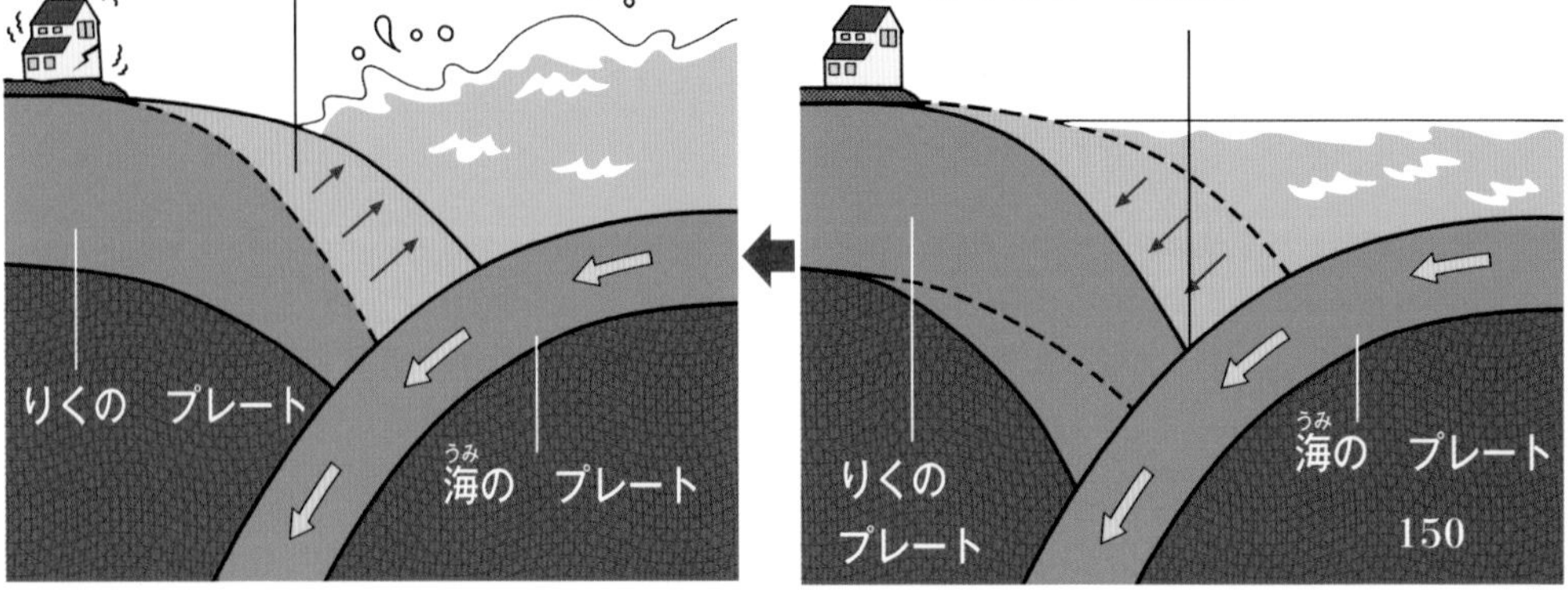

りくを　のせて　いる
プレートの　下《した》に　海《うみ》の
プレートが　しずみこみ、
ひずみが　たまる
りくの
プレート
海《うみ》の　プレート
りくの　プレートが
はね上《あ》がると
地《じ》しんが　おこる
地《じ》しん
はっせい
りくの　プレート
海《うみ》の　プレート

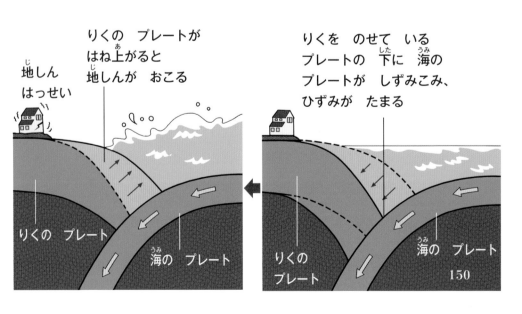

あつまって　いる　ところに　あります。そのため　日本《にほん》では
こんなに　地《じ》しんが　多《おお》いのです。
ところで、ハワイの　しまじまは、太平洋《たいへいよう》の　ほぼ
まん中《なか》に　あります。ハワイを　のせた　海《うみ》の　プレートは、
毎年《まいとし》　十《じっ》センチメートルくらいずつ　日本《にほん》の　ほうへ
うごいて　います。
じっと　して　いるように　見《み》える　地《ち》きゅうですが、
今《いま》も　活《かっ》ぱつに　うごいて　いるのですね。

海《うみ》の　水《みず》は、なぜ　しおからいの？

海《うみ》の　水《みず》を　なめて　みると、しおからいですね。海《うみ》の　水《みず》は、どうして　このように　しおからくなったのでしょう。それには　まず、海《うみ》が　どうやってできたのかを　お話《はな》ししましょう。

地《ち》きゅうが　生《う》まれたばかりの　ころ、うちゅうには、

地《ち》きゅうのような　大《おお》きな　星《ほし》に　なりきれなかった星《ほし》の　かけらが　たくさん　ありました。この　かけらは、生《う》まれた　ばかりの　地《ち》きゅうに　たくさん　ぶつかってきました。そのため、地《ち》きゅうの　ひょうめんは、とてもあつく　なり、どろどろに　とけて　しまいました。

その　とき、とけた　岩《いわ》の　中《なか》から、たくさんの　ガスが出《で》て　きました。ガスは、空《そら》に　上《あ》がって　いって、雲《くも》をつくりました。そして、ある　とき、雨《あめ》が　ふりはじめました。

雨《あめ》は、長《なが》い　長《なが》い　あいだ
ふりつづき、そうして　海《うみ》が
できたのです。
でも、そのころの　海《うみ》は、まだ
しおからくは　ありませんでした。
そのかわりに、岩《いわ》を　とかして
しまう　はたらきが　ありました。
岩《いわ》の　中《なか》の　せい分《ぶん》が　とけ出《だ》して、

ぼくらが　力《ちから》を
合《あ》わせて　海《うみ》を
しおからく　したんだよ

海《うみ》は　だんだんと　今《いま》のような　しおからい　海《うみ》に
なったのです。
ところで、あせを　かくと、しおからい　あじが
しませんか。それは、みなさんの　からだの　中《なか》にも
しおが　入《はい》って　いるからです。からだを　つくって　いる
ものを　くわしく　しらべると、海《うみ》の　水《みず》と　おどろくほど
にて　いるそうです。そのことから、いのちは、海《うみ》で
生《う》まれたと　考《かんが》えられて　いるのです。

海《うみ》に　行《い》くと
楽《たの》しいのは、もしかすると
わたしたちの　からだの
中《なか》に、海《うみ》で　くらして
いた　ころの　思《おも》い出《で》が
のこって　いるからかも
しれないですね。

ちっそ
ナトリウム
マグネシウム
カリウム
えんそ
イオウ
すいそ
たんそ
カルシウム
さんそ
しゅうそ
海《うみ》の 水《みず》
すいそ
さんそ
ナトリウム
イオウ
カリウム
ちっそ
カルシウム
えんそ
リン
マグネシウム
たんそ
ヒト
ヒトの　体《たい》えきは
海《うみ》の　水《みず》の
せい分《ぶん》と　にて
いる

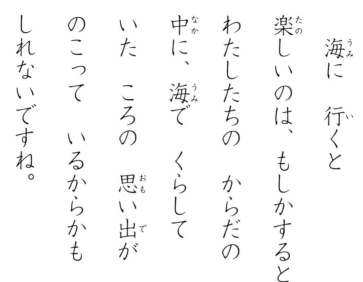

太《たい》ようは　なぜ　東《ひがし》から　のぼって、西《にし》に　しずむの？

空《そら》を　見《み》て　いると、朝《あさ》、太《たい》ようは　東《ひがし》から　のぼって　きて、西《にし》に　しずんで　いきます。月《つき》も　星《ほし》も、東《ひがし》から　のぼり、西《にし》に　しずんで　いきます。

それでは、太《たい》ようも　月《つき》も　星《ほし》も、地《ち》きゅうの　まわりを　回《まわ》って　いるのでしょうか？

むかしの　人《ひと》たちは、地《ち》きゅうは　うちゅうの　中心《ちゅうしん》に
あって、地《ち》きゅうの　まわりを　太《たい》ようや　月《つき》や　星《ほし》が
回《まわ》って　いるのだと　考《かんが》えて　いました。
でも、本当《ほんとう》は、地《ち》きゅうの　ほうが、西《にし》から　東《ひがし》に
回《まわ》って　いるのです。太《たい》ようの　まわりを　回《まわ》りながら、
地《ち》きゅうが　コマのように　くるくると、西《にし》から　東《ひがし》に
一日《いちにち》に　一回《いっかい》てんして　うごいて　いるために、そのように
見《み》えて　いるのです。

回《かい》てんする　いすに
すわって　一回《いっかい》てんすると、
まわりの　けしきの　ほうが、
自分《じぶん》の　回《かい》てんした　むきと
はんたいむきに、うごいて
いるように　見《み》えるでしょう。
それと　同《おな》じ　ことなのです。

月《つき》は　どうして　形《かたち》が　かわるの？

夜空《よぞら》を　見上《みあ》げると、お月《つき》さまが　ぽっかり　うかんで　います。でも、この　前《まえ》と　少《すこ》し　形《かたち》が　ちがいます。どうして、月《つき》の　形《かたち》は、毎日《まいにち》　かわるのでしょうか？一《いっ》か月《げつ》、月《つき》を　見《み》て　いると、月《つき》が　どんなふうに　へんしんして　いくのかが　わかりますよ。

細《ほそ》い　月《つき》は　だんだん　太《ふと》って
いき、やがて　まん丸《まる》の
「まん月《げつ》」に　なります。
すると、こんどは　どんどん
やせて　いって、とうとう
見《み》えなく　なって　しまいます。
見《み》えなく　なった　月《つき》を
「新月《しんげつ》」と　よびます。

月《つき》は、つぎの　日《ひ》には
すがたを　あらわして
細《ほそ》い　三日月《みかづき》に　なり、
また　太《ふと》って　いきます。
月《つき》は、いろいろな　形《かたち》に
見《み》えますが、本当《ほんとう》は　ずっと
丸《まる》い　ままなのです。
じつは、月《つき》は　自分《じぶん》では

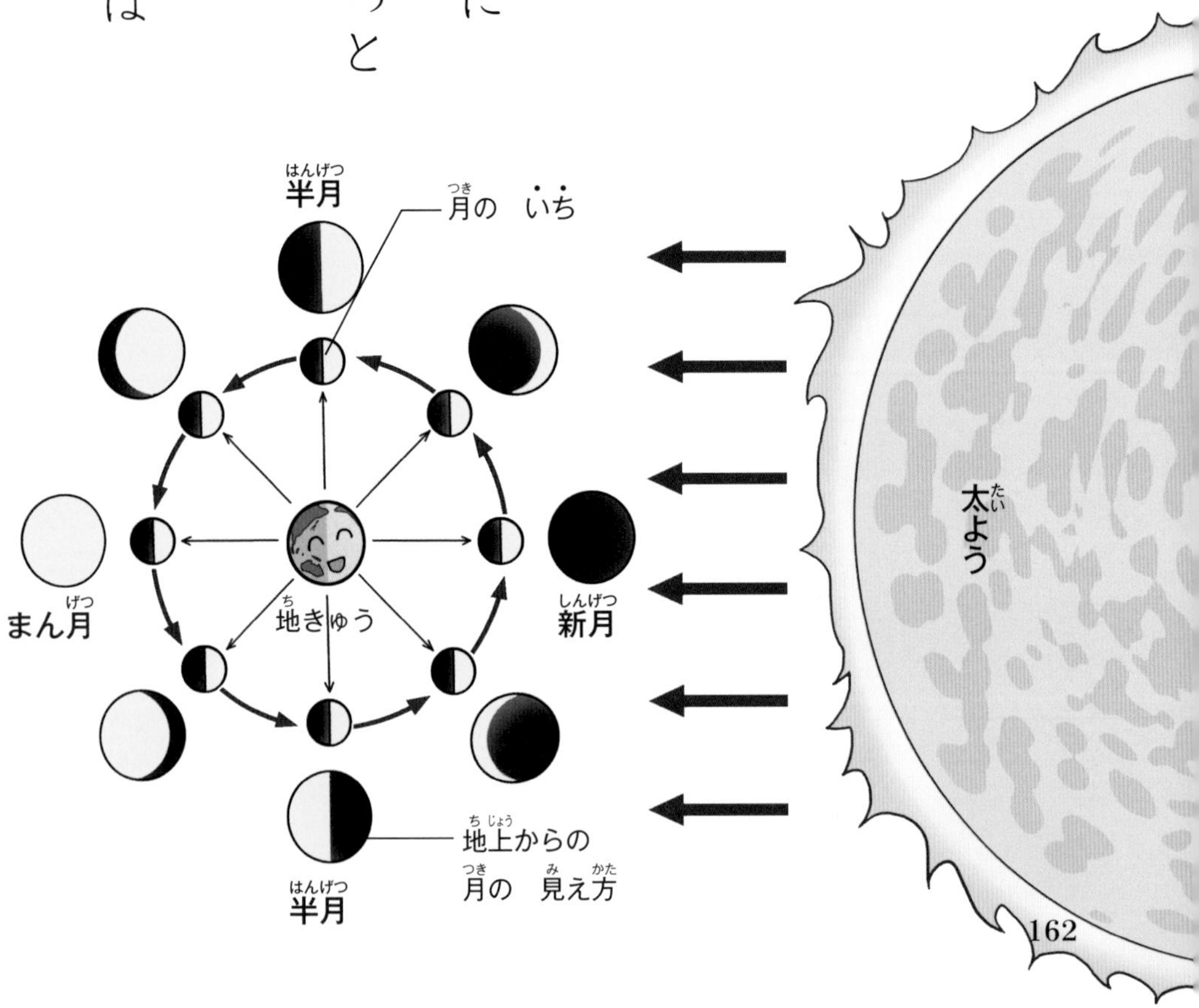

太《たい》よう
半月《はんげつ》
月《つき》の　いち
まん月《げつ》
地《ち》きゅう
新月《しんげつ》
地上《ちじょう》からの
月《つき》の　見《み》え方《かた》
半月《はんげつ》

光《ひか》って　いません。太《たい》ようの　光《ひかり》に　てらされて、光《ひか》って
いるのです。だから、わたしたちには、太《たい》ようの　光《ひかり》に
てらされた　月《つき》の　ぶぶんだけが　見《み》えて　いるのです。
月《つき》は　地《ち》きゅうの　まわりを、一《いっ》か月《げつ》くらいで
一《いっ》しゅうして　います。だから、太《たい》ようの　光《ひかり》に　てらされた
月《つき》の　ぶぶんは、毎日《まいにち》　かわって　いくのです。そのため、
わたしたちには、月《つき》の　形《かたち》が　かわって　いくように
見《み》えて　いるのです。

地《ち》きゅう・うちゅうのふしぎ

天《あま》の川《がわ》って　なに？

七月七日《しちがつなのか》は、七夕《たなばた》ですね。一年《いちねん》に　一《いち》ど、おりひめと　ひこぼしが、天《あま》の川《がわ》を　わたって　会《あ》える　お話《はなし》は、みなさんも　知《し》って　いますね。
お話《はなし》の　中《なか》に　出《で》て　くる　天《あま》の川《がわ》は、その　名前《なまえ》の　とおり、天《てん》に　かかる　大《おお》きな　川《かわ》です。

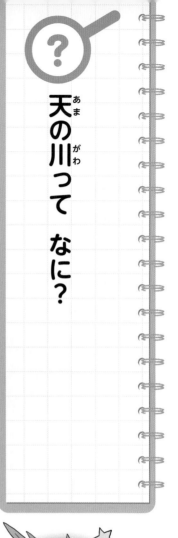

まだ、天《あま》の川《がわ》を　見《み》た　ことが　ない　人《ひと》は、夏《なつ》に　山《やま》や
海《うみ》に　行《い》った　とき、あかりの　ない　場《ば》しょで、夜《よる》に
空《そら》を　見上《みあ》げて　みましょう。星空《ほしぞら》の
中《なか》に、大《おお》きな　白《しろ》い　川《かわ》のような
ものが、ぼんやりと　見《み》えます。
それが　天《あま》の川《がわ》です。天《あま》の川《がわ》は、
とても　たくさんの　星《ほし》が
あつまって　いる　ところです。

わたしたちの　すんで　いる　地《ち》きゅうは　「ぎんがけい」
と　よばれる　星《ほし》の　あつまりの　はじっこに　あります。
ぎんがけいは、一千《いっせん》おくこくらいの　星《ほし》が　あつまって、
うずまきの　形《かたち》を　つくって　います。
目玉《めだま》やきの　形《かたち》にも　にて
いますよ。目玉《めだま》やきは、よこから
見《み》ると　まん中《なか》が　ふくれて
いるでしょう。ぎんがけいは、

【ぎんがけい】

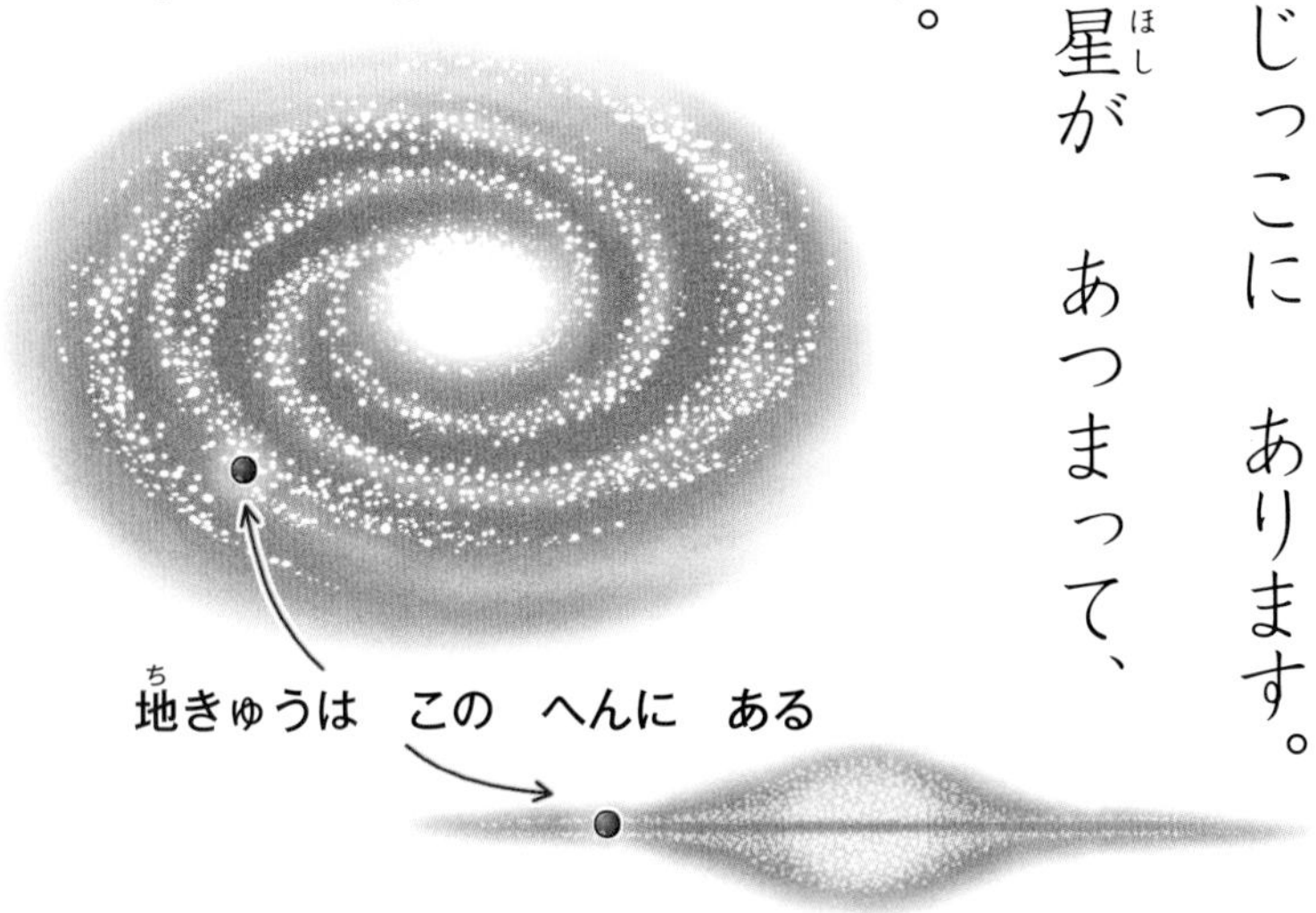

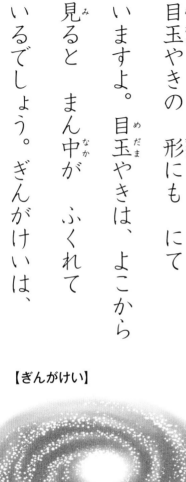

そんな　形《かたち》を　して　いるのです。
さて、目玉《めだま》やきを　よこから
見《み》ると、細長《ほそなが》い　形《かたち》を　して
いますね。それが　地《ち》きゅうから
見《み》た　天《あま》の川《がわ》の　正体《しょうたい》なのです。
天《あま》の川《がわ》は、ぎんがけいを
よこがわから　見《み》た
すがたなのですよ。

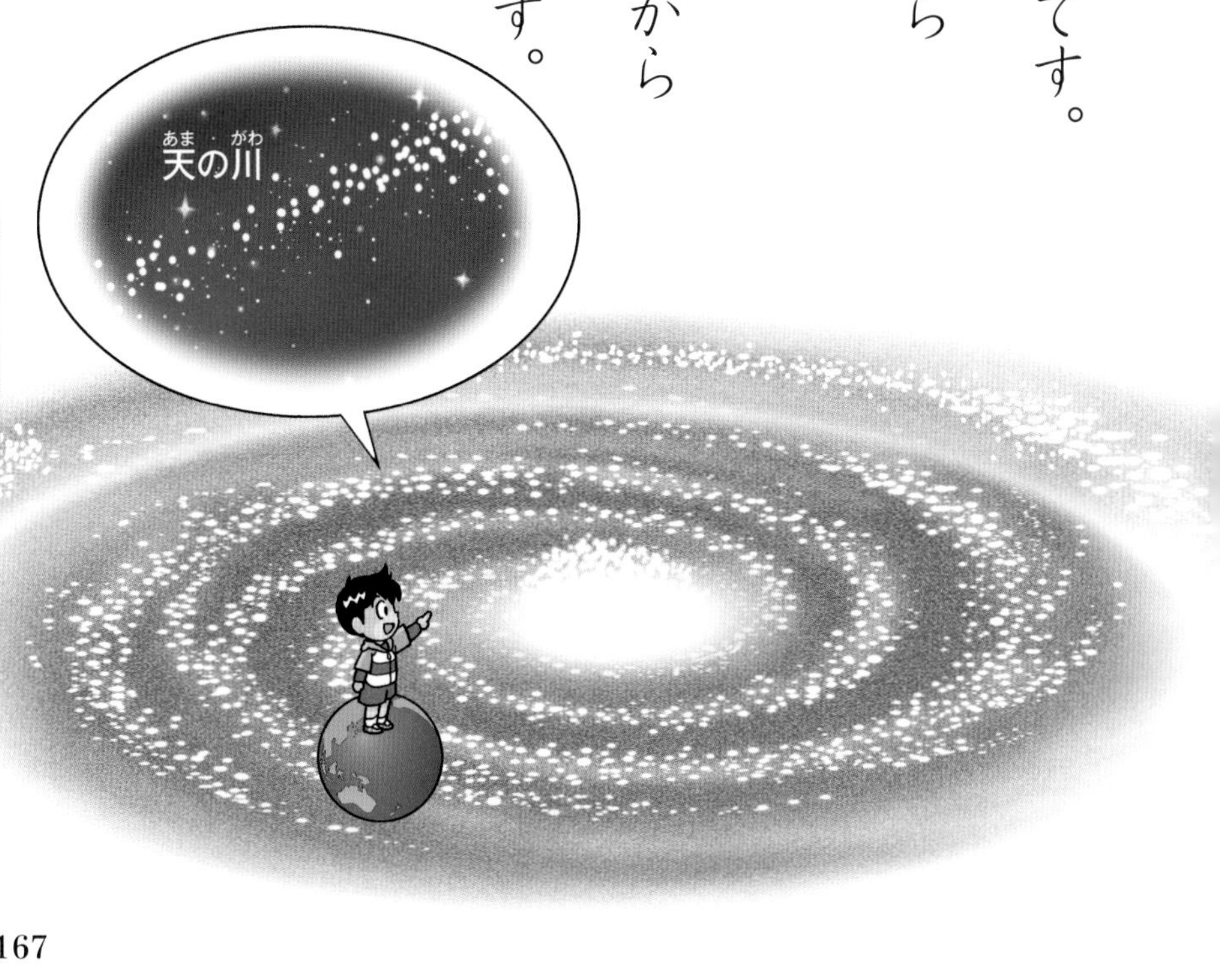

ながれ星《ぼし》って なに？

みなさんは、「ながれ星《ぼし》」を 見《み》た ことが ありますか？
ながれ星《ぼし》が 光《ひか》って いる あいだに ねがいごとを 三回《さんかい》
いうと、ねがいが かなうと いいます。でも、
あっという間《ま》に きえて しまうので、むずかしいですね。
ところで、ながれ星《ぼし》は、本《ほん》ものの 星《ほし》が ながれて いる

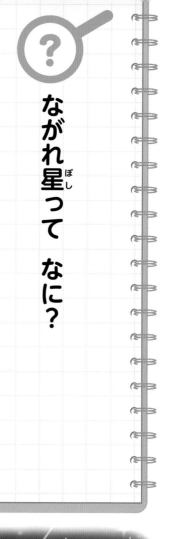

わけでは　ないのです。ながれ星《ぼし》の　正体《しょうたい》は、じつは
小《ちい》さな　石《いし》の　つぶなのです。科学《かがく》しゃたちは、これを
「ちり」と　よんで　います。
うちゅうには、数《すう》ミリメートルから　数《すう》センチメートル
くらいの　ちりが、はやい　スピードで、ビュンビュンと
とんで　います。これが　地《ち》きゅうの　空気《くうき》の　中《なか》に
とびこむと、空気《くうき》と　ぶつかって、とても　高《たか》い　おんどに
なって、光《ひか》りだし、とけて　なくなって　しまいます。その

光《ひかり》が、まるで　星《ほし》が　ながれて
いるように　見《み》えるのです。
ながれ星《ぼし》の　もとと　なる
ちりは、ほとんどが、「すい星《せい》」の
おとしものです。すい星《せい》は、
とても　大《おお》きくて、こおりや
ドライアイスに　ちりが　まざった
もので　できて　います。

すい星《せい》は、はやい　スピードで　うごいて　います。そして
太《たい》ように　近《ちか》づくと、太《たい》ようの　ねつで　すい星《せい》の
ひょうめんの　こおりなどが、だんだん　じょうはつして
いき、ちりを　まきちらします。この　まきちらされた
ちりが、すい星《せい》の　長《なが》い　おに　なって　見《み》えるのです。
この　とき　すい星《せい》は、ほうきのようにも　見《み》えるので、
「ほうき星《ぼし》」とも　よばれて　いますよ。
地《ち》きゅうは、毎年《まいとし》、八月十二日《はちがつじゅうににち》ごろや、十二月十四日《じゅうにがつじゅうよっか》ごろに、

すい星《せい》が　ちりを　まきちらした
ところを　通《とお》ります。だから、
このころに　星《ほし》が　たくさん
見《み》える　場《ば》しょで　夜《よ》空《ぞら》を
見《み》上《あ》げて　いれば、たくさんの
ながれ星《ぼし》が　見《み》えますよ。
大人《おとな》の　人《ひと》と　いっしょに
見《み》に　行《い》って　くださいね。

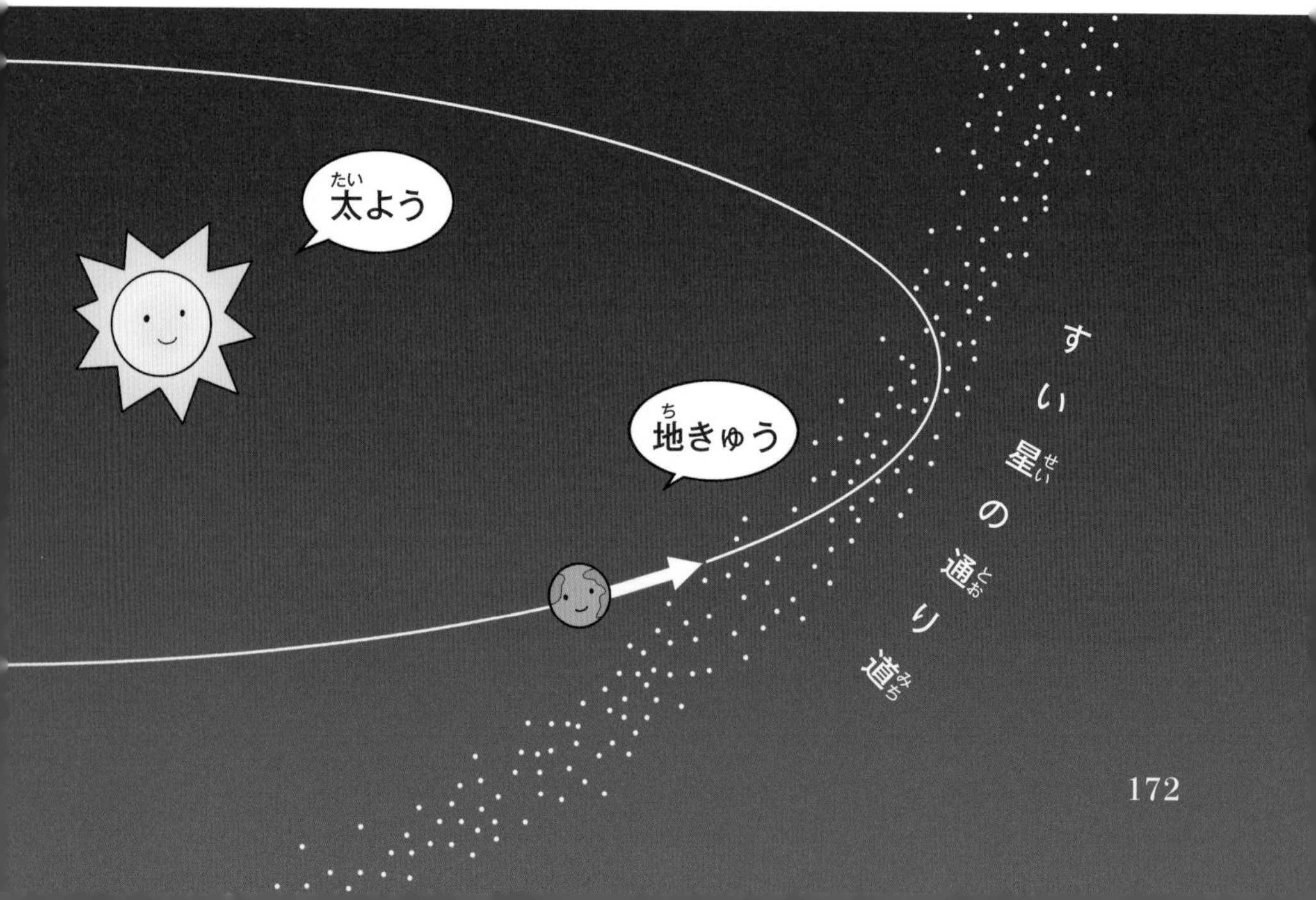

うちゅう人《じん》って　本当《ほんとう》に　いるの？

みなさんは、うちゅう人《じん》は　いると思《おも》いますか？　むかしから、いろいろな　人《ひと》がうちゅう人《じん》を　考《かんが》えました。たとえば、ウェルズと　いう作家《さっか》は、火星《かせい》に　タコのような　すがたの　火星人《かせいじん》が　いると　いう　お話《はなし》を　書《か》きました。科学《かがく》しゃたちも　うちゅう人《じん》を

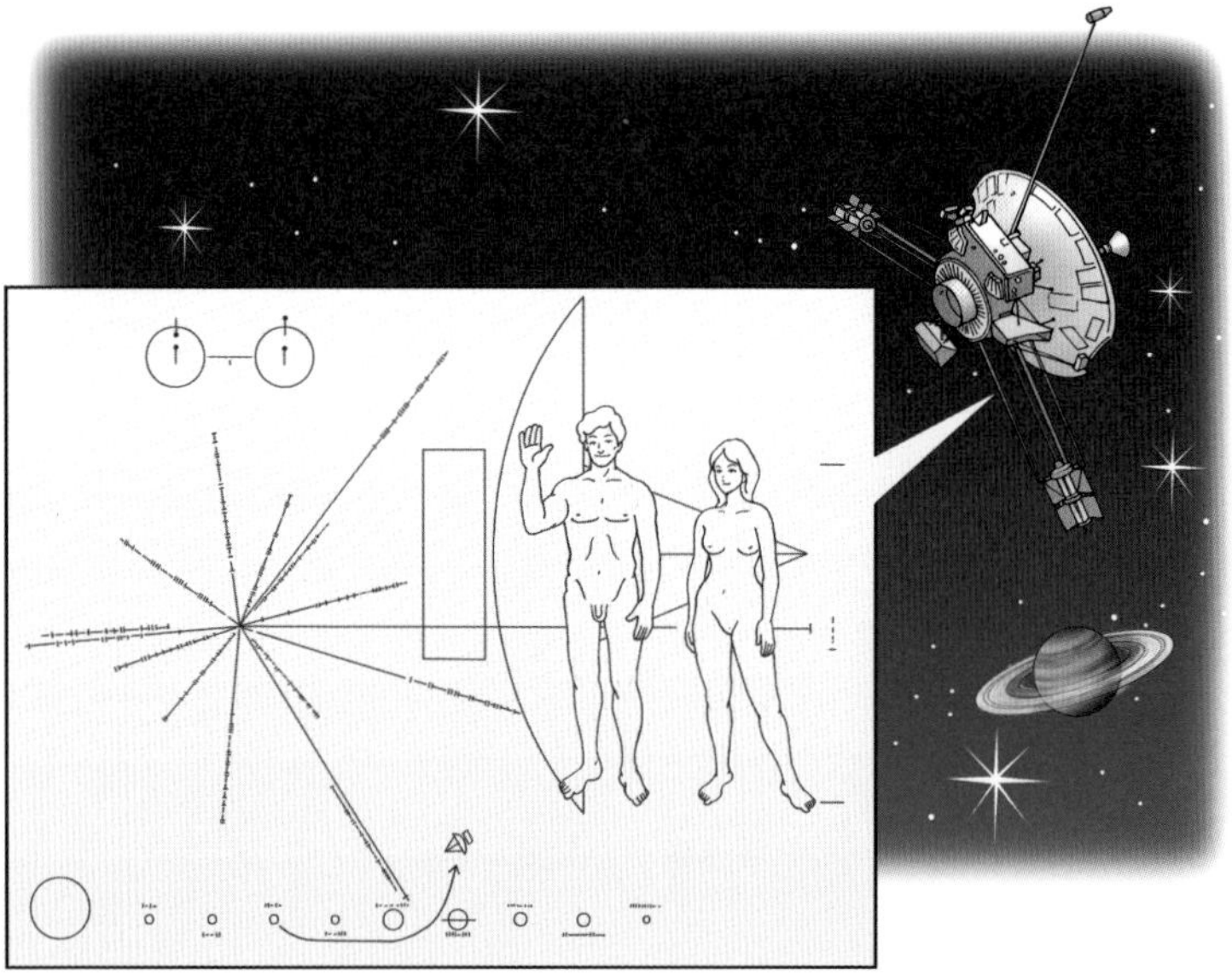

うちゅう人《じん》への　メッセージと　それを　のせた　わく星《せい》たんさき

さがして　います。うちゅうに
むけて　電波《でんぱ》を　おくったり、
わく星《せい》たんさきに
メッセージを　のせて
うち上《あ》げたり　しました。
しかし　ざんねんながら、まだ
うちゅう人《じん》からの　へんじは
かえって　きて　いません。

だけど、うちゅうは　とても　広《ひろ》くて、星《ほし》も　数《かぞ》えきれない
ほど　あります。うちゅう人《じん》が　いないとは、いいきれません。
天才《てんさい》てきな　科学《かがく》しゃ　ホーキングはかせも、うちゅう人《じん》が
いる　かのうせいは、高《たか》いと　いって　いました。
そうそう、みなさんが　よく　知《し》って　いて、だれもが
出会《であ》って　いる　うちゅう人《じん》を　わすれて　いました。それは、
わたしたち　地《ち》きゅう人《じん》です。ほかの　星《ほし》の　生《い》きものから
見《み》れば、わたしたちこそ　うちゅう人《じん》なのですから。

とくしゅう

カンブリア紀《き》

(およそ5おく3880万年前《まんねんまえ》～4おく8540万年前《まんねんまえ》)

大《おお》むかしの ふしぎな 生《い》きもの

大《おお》むかしの 地《ち》きゅうには、どんな 生《い》きものが いたのでしょう。ユニークな すがたの 生《い》きものや きょうりゅうたちを のぞいて みましょう。

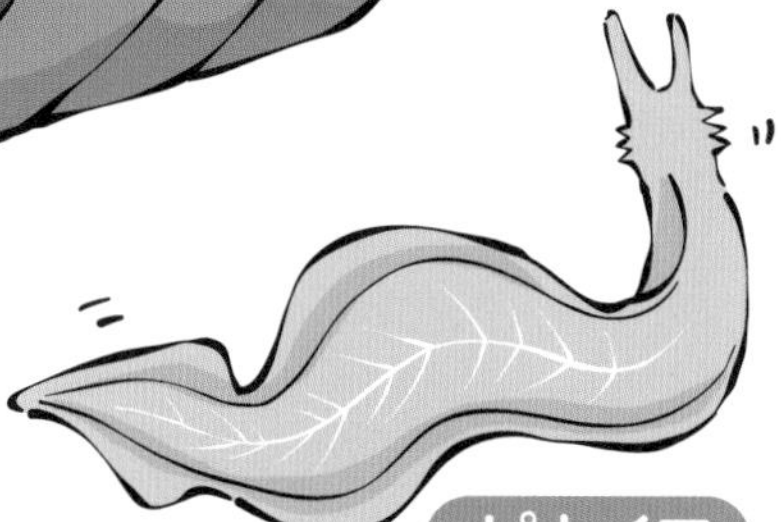

ピカイア

せぼねが ある 生《い》きものの 先《せん》ぞに 近《ちか》いと 考《かんが》えられて います。大《おお》きさは 4cm《センチメートル》 くらいで、今《いま》の ナメクジウオと いう 生《い》きものに にて います。

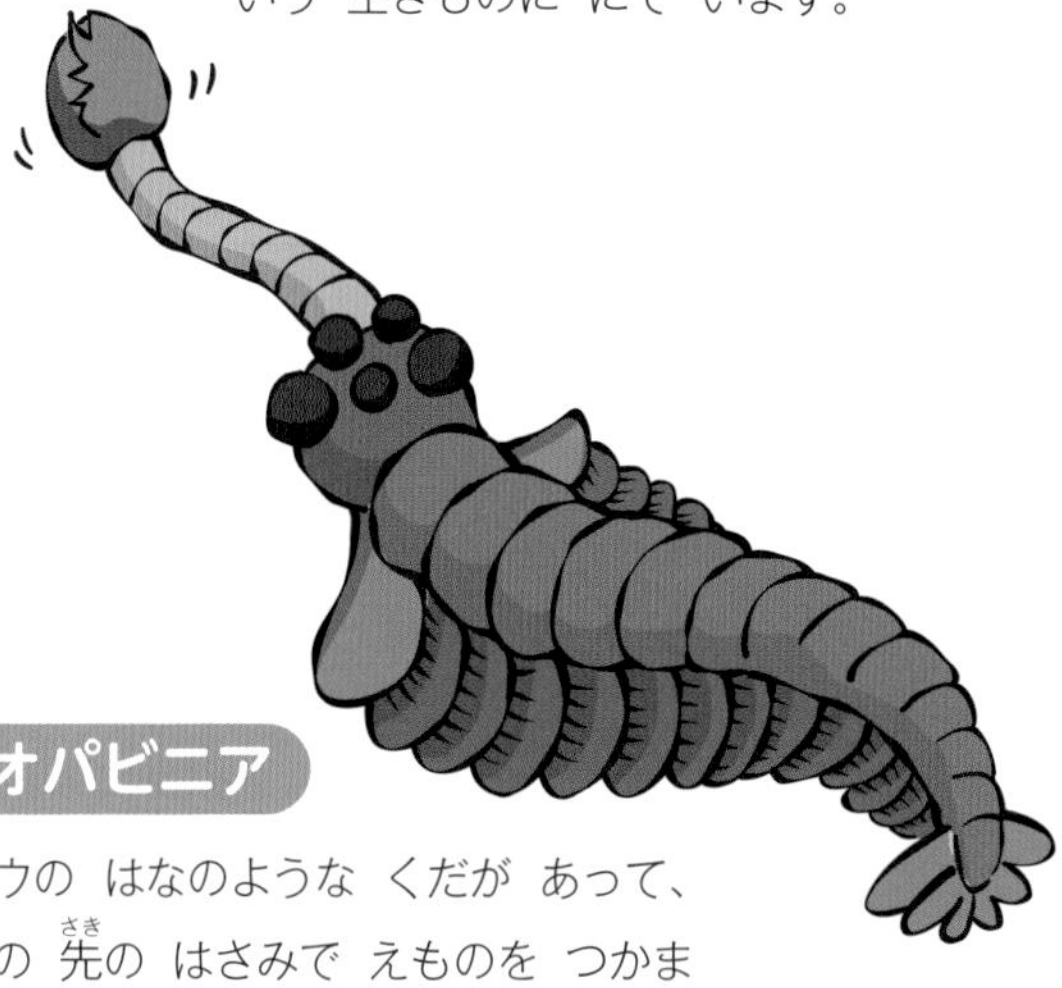

オパビニア

ゾウの はなのような くだが あって、その 先《さき》の はさみで えものを つかまえます。目《め》が 5つも ありました。

アノマロカリス

カンブリア紀《き》　さい強《きょう》の　生《い》きものです。大《おお》きさは　38cm《センチメートル》　くらいで、いろいろな　生《い》きものを　つかまえて食《た》べて　いました。

カナダスピス

今《いま》の　エビや　カニの　なかまです。からだの　半分《はんぶん》が、うすく すき通《とお》ったからに　おおわれて　いました。

ウィワクシア

かたい うろこに おおわれて いて、せなかに 生《は》えた けんのようなとげで みを まもりました。

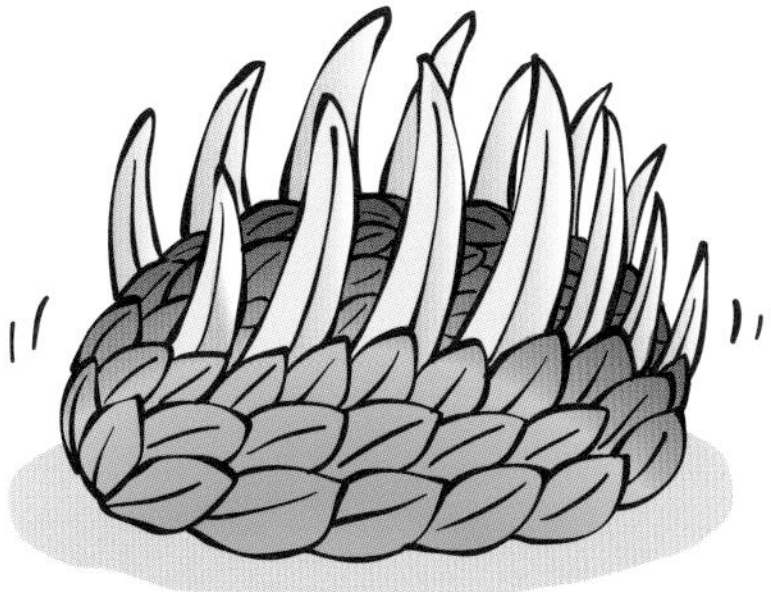

マルレラ

頭《あたま》から 出《で》て いる 2しゅるいのしょっ角《かく》と、4本《ほん》の 大《おお》きな 角《つの》がとくちょうです。とても たくさんいました。

ハルキゲニア

せなかに　とげが　あり、細長《ほそなが》い　足《あし》で海《うみ》の　そこを　歩《ある》いて　いました。頭《あたま》の先《さき》に　口《くち》があり、小《ちい》さな目《め》も　ありました。

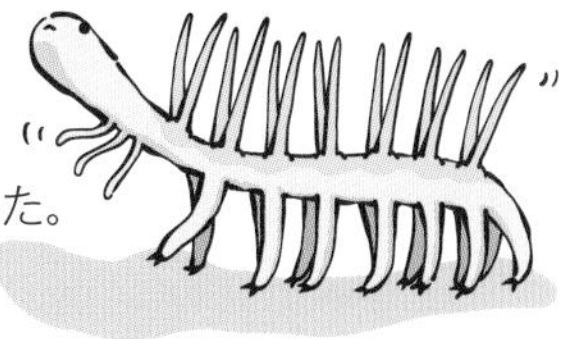

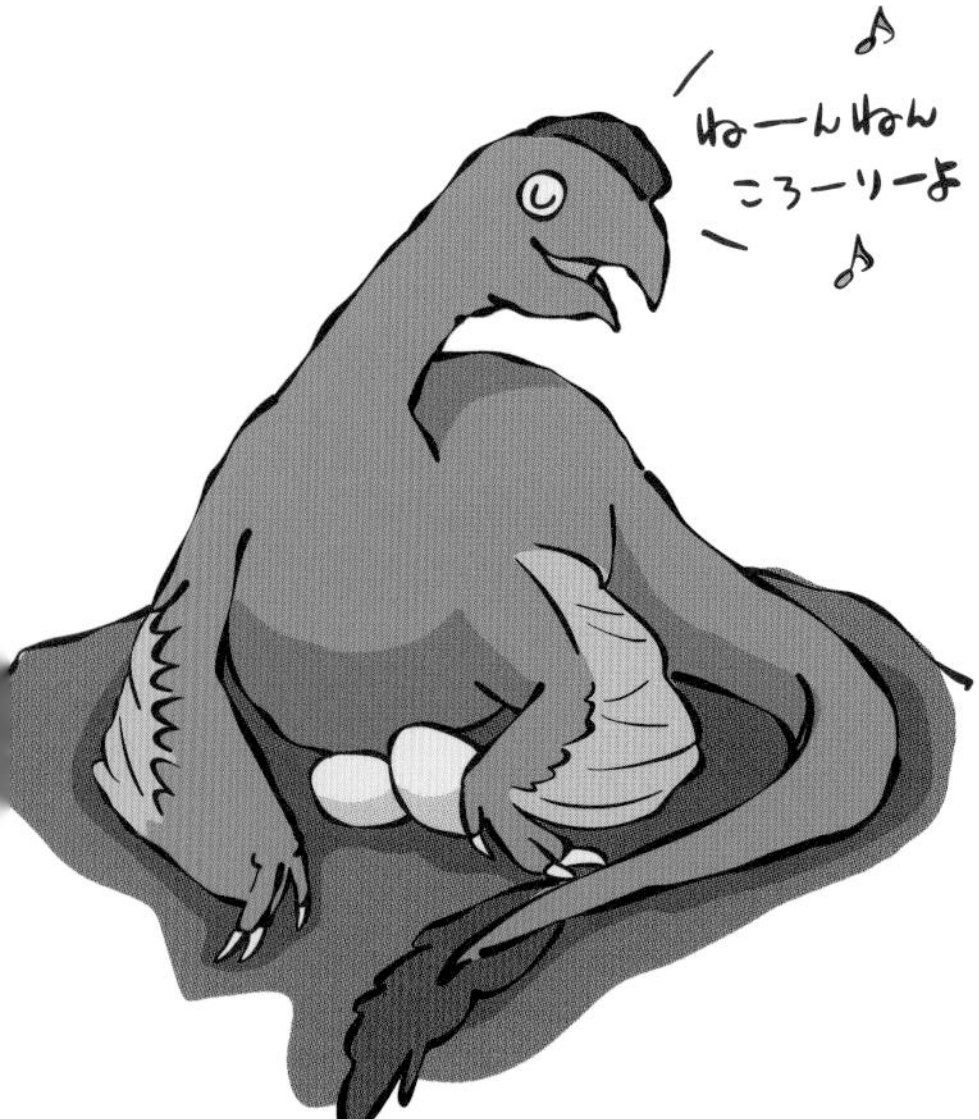

ねーんねん
ころーりーよ

とくしゅう

ジュラ紀《き》～白亜紀《はくあき》

(およそ2おく140万年前《まんねんまえ》～6600万年前《まんねんまえ》)

オビラプトル

たまごの そばで か石《せき》が 見《み》つかったため、「たまごどろぼう」と いう 名前《なまえ》が つけられました。しかし、鳥《とり》のように、自分《じぶん》の たまごを あたためて いた ことが わかりました。

ティラノサウルス

肉《にく》を 食《た》べる 大《おお》きな きょうりゅうです。およそ 13m《メートル》も ありました。しかし、前足《まえあし》は とても 小《ちい》さくて、人《ひと》の うでと 同《おな》じくらいの 長《なが》さしか、ありませんでした。

デイノニクス

頭《あたま》が よくて、うごきも はやい、羽毛《うもう》が ある きょうりゅうです。大《おお》きな かぎづめを もって いて、むれで えものを つかまえて いました。

テリジノサウルス

前足《まえあし》に 長《なが》さ 70cm《センチメートル》も ある 大《おお》きな つめが ついて いました。なにに つかって いたのかは わかって いません。からだに 羽毛《うもう》が あったとも いわれて います。

アルゼンチノサウルス

頭《あたま》から しっぽの 先《さき》まで 35m《メートル》も ある 大《おお》きな きょうりゅうです。おもさは、およそ 100トンも ありました。しょくぶつを 食《た》べて いました。

とくしゅう

古第三紀《こだいさんき》・新第三紀《しんだいさんき》

（およそ6600万年前《まんねんまえ》〜258万年前《まんねんまえ》）

パキケトゥス

足《あし》が あって、りくを 歩《ある》いて いましたが、大《おお》むかしの クジラの なかまです。水《みず》べに すんで いました。

プラティベロドン

大《おお》むかしの ゾウの なかまです。下《した》あごに シャベルのような きばが ありました。この きばで、はっぱを 木《き》から 切《き》りはなして 食《た》べました。

ティラコスミルス

おなかの ふくろで 子《こ》どもを 育《そだ》てた 肉《にく》食《しょく》の どうぶつ。上《うわ》あごの 長《なが》い きばは、一生《いっしょう》 のびつづけました。

ガストルニス

せたけが 2m《メートル》も ある、空《そら》を とべない 鳥《とり》です。するどい 足《あし》の つめと、くちばしを もって いました。

イラスト／菅原紫穂

みぢかなふしぎ

イラスト／高橋正輝

なぜ えんぴつは、紙《かみ》に 字《じ》が 書《か》けるの？

えんぴつは、紙《かみ》に 字《じ》が 書《か》けます。ガラスや
プラスチックには どうでしょう？ 書《か》けませんね。ガラスや
プラスチックの ひょうめんは、つるつるして います。
書《か》こうと しても、えんぴつの こなが くっつくだけです。
でも 紙《かみ》は、細《ほそ》い せんいが、からみ合《あ》って つくられています。えんぴつを　おしつけると、しんが　けずれて、しんの　こなが、紙《かみ》の　せんいと　せんいの　あいだに入《はい》りこむので、字《じ》が　書《か》けるのです。

では、なぜ　けしゴムで　えんぴつの文字《もじ》は　けせるのでしょうか？

けしゴムで　こすると、紙《かみ》の　せんいのすき間《ま》に　うまって　いる　えんぴつの

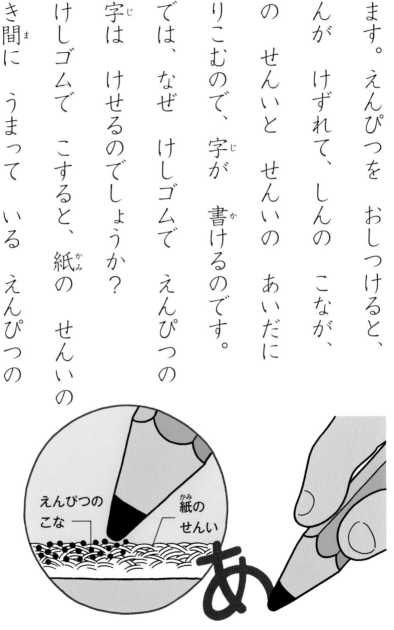

こなが　出《で》て　きます。こなは、けしゴムに　くっついて、紙《かみ》から　とれるため、文字《もじ》が　きえるのです。

ところで　えんぴつには　H《エイチ》や　B《ビー》、F《エフ》などの　きごうが　ついて　います。これは、えんぴつの　しんの　かたさを　あらわして　います。H《エイチ》は　ハード（かたい）、B《ビー》は　ブラック（くろ）の

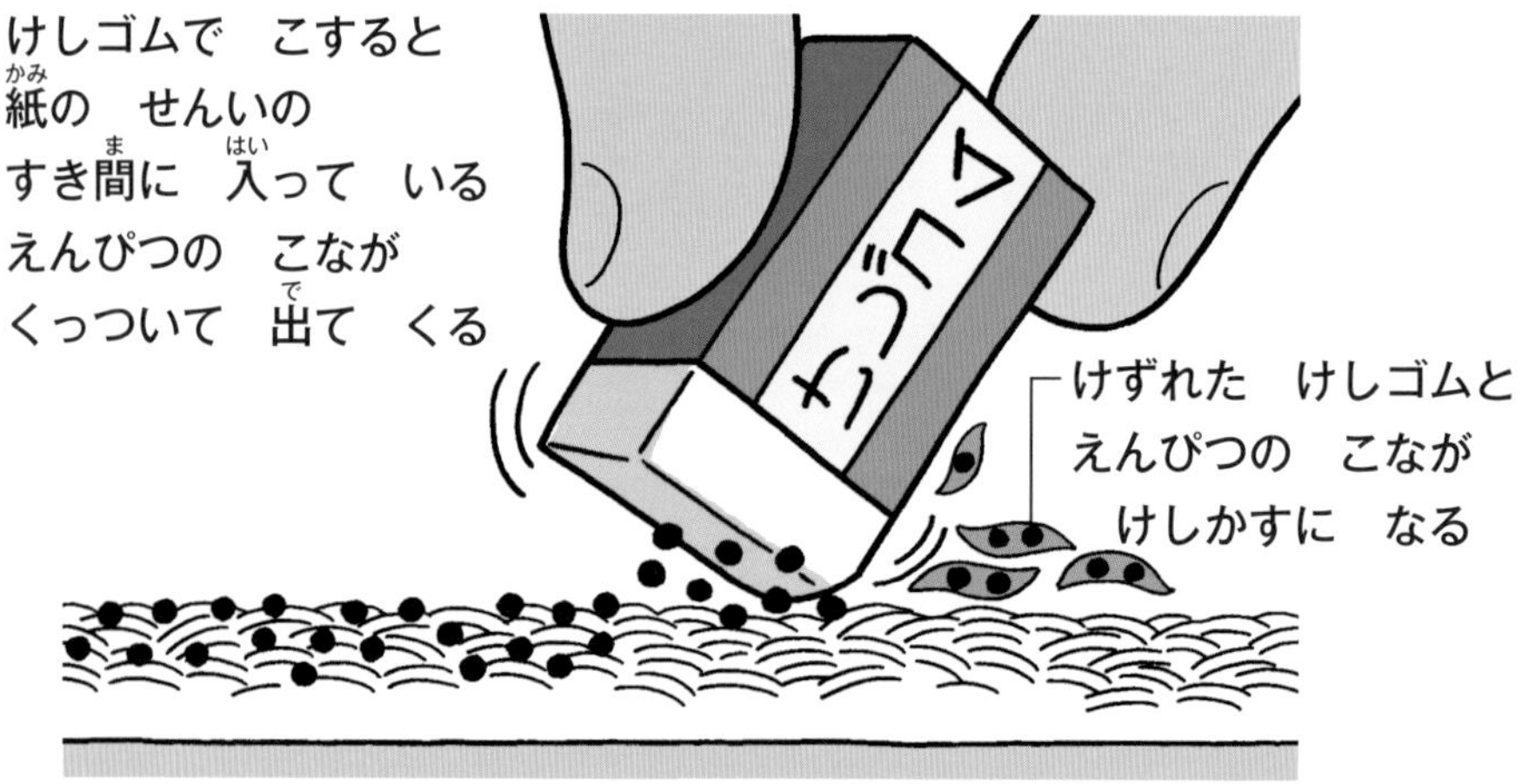
けしゴムで　こすると
紙《かみ》の　せんいの
すき間《ま》に　入《はい》って　いる
えんぴつの　こなが
くっついて　出《で》て　くる
けしゴム
けずれた　けしゴムと
えんぴつの　こなが
けしかすに　なる

いみで、H《エイチ》の　すうじが　大《おお》きいほど　しんが　かたくなります。はんたいに　B《ビー》の　すうじが　大《おお》きいほど、しんは　やわらかく　なります。F《エフ》は、ファーム（しっかりした）と　いう　いみで、H《エイチ》と　HB《エイチビー》の　あいだの　かたさになります。しんが　やわらかいほど、紙《かみ》の　せんいの　あいだに、しんのこなが　たくさん　入《はい》りこむため、文字《もじ》が　こく　書《か》けるのです。

かとり線《せん》こうは、なぜ　うずまき形《がた》なの？

カは　血《ち》が　大《だい》すき。こっそりと　わたしたちの　からだの血《ち》を　すって、すばやく　とんで　にげて　いきます。さされた　あとは、かゆくて　たまらないですよね。

そんな　カから、わたしたちを　まもって　くれるのがかとり線《せん》こうです。かとり線《せん》こうの　中《なか》には、カを

やっつける　くすりが　入《はい》って　います。かとり線《せん》こうに
火《ひ》を　つけると、くすりは　とても　小《ちい》さな　つぶと　なって、
へやじゅうに　ちらばるので、カが　タンスの　後《うし》ろや、
すき間《ま》に　かくれて　いても、たいじできるのです。でも、
この　くすりは、人《ひと》や　ネコや　イヌなどの　どうぶつには、
あんぜんなのですよ。
さて、かとり線《せん》こうは、太《ふと》い　うずまきの　形《かたち》を　して
いますね。なぜでしょう？

さいしょに　つくられた　かとり線《せん》こうは、細《ほそ》い　ぼうの形《かたち》を　して　いました。でも、四十分《よんじっぷん》くらいで　もえてなくなるので、ねて　いる　あいだに、カに　さされてしまうのです。しかも、細《ほそ》いので　けむりが　少《すこ》ししか出《で》ないため、二《に》、三本《さんぼん》　いっしょに　つかわないと、カをやっつけられません。それに、とても　おれやすかったのです。

そこで、ヘビのような　太《ふと》い　うずまきの　形《かたち》につくりかえました。これなら　おれないし、長《なが》い　あいだ、

もえつづける　ことが　できます。
うずまき形《がた》の　かとり線《せん》こうの
長《なが》さは、七十五《ななじゅうご》センチメートル。
七時間《しちじかん》くらい　もえつづける
そうです。
日本人《にほんじん》が　はつ明《めい》した　この
かとり線《せん》こうは、せかいじゅうで
つかわれて　います。

グッドアイデアだね!!まいった
かとり線《せん》こうをまっすぐにのばすと…
な、なんと75センチメートル!

どうして　古《ふる》い　十円玉《じゅうえんだま》は　茶色《ちゃいろ》いの？

新《あたら》しい　十円玉《じゅうえんだま》は、ピカピカに　光《ひか》って　いるのに、どうして　古《ふる》い　十円玉《じゅうえんだま》は、あんなに　よごれて　いるのでしょう。いいえ、十円玉《じゅうえんだま》は、よごれて　いるのではありません。ひょうめんが　さびて　いるのです。

十円玉《じゅうえんだま》は　どうなどの　金《きん》ぞくで　できて　います。

どうは　空気中《くうきちゅう》の　さんそが　くっつくと、さびて　茶色《ちゃいろ》や黒《くろ》っぽい　色《いろ》に　かわります。
では、十円玉《じゅうえんだま》の　ひょうめんに　ついた　さびをおとすには、どう　すれば　いいのでしょう。
十円玉《じゅうえんだま》に　ケチャップや　マヨネーズ、すなどを　かけて、数分《すうふん》　たってから、ティッシュペーパーで　ふきとってみましょう。黒《くろ》っぽかった　十円玉《じゅうえんだま》が、きれいに　なっていますね。マヨネーズなどの　中《なか》に　ふくまれて

いる「さん」が、十円玉《じゅうえんだま》の　さびを
とかしたのです。でも、新《あたら》しい
十円玉《じゅうえんだま》のように　かがやいては
いません。それは、ミクロの　目《め》で
見《み》ると、さびが　とけた　あとの
十円玉《じゅうえんだま》の　ひょうめんは、デコボコに
なって　いるからです。ひょうめんが
たいらで　ないと　光《ひか》って　見《み》えないのです。

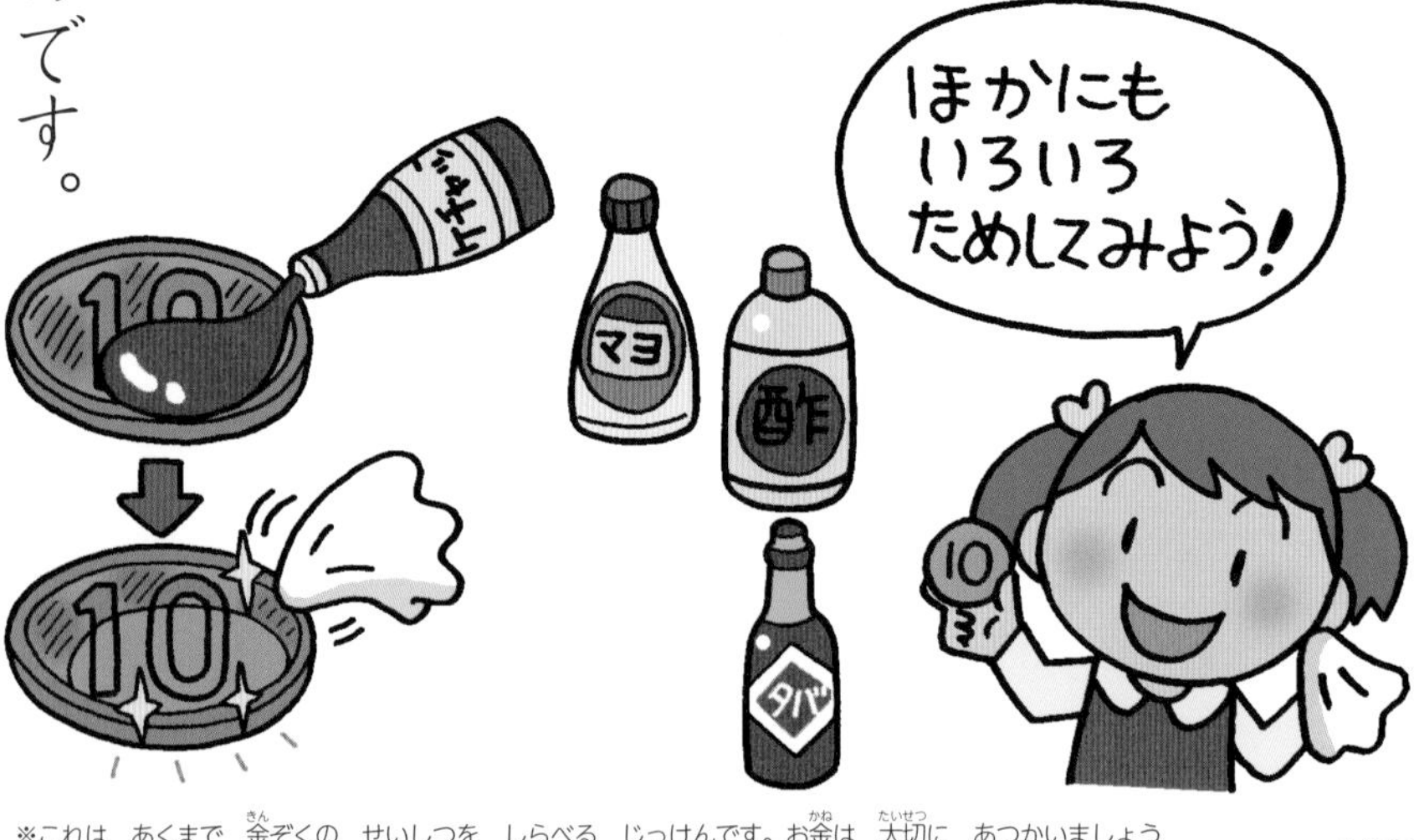
ほかにも
いろいろ
ためしてみよう！
マヨ
酢
10
10
10

※これは　あくまで　金《きん》ぞくの　せいしつを　しらべる　じっけんです。お金《かね》は　大切《たいせつ》に　あつかいましょう

なぜ「ボールペン」って名前《なまえ》が ついて いるの？

ボールペンは、なぜ「ボールペン」って 名前《なまえ》が ついて いるのでしょう？ ペンの どこかに ボールが あるのでしょうか？ ちょっと、さがして みましょう。あった、あった。ペンの いちばん 先《さき》を 見《み》て みて。とても 小《ち》さな ボールが うめこまれて いますね。この

みぢかな ふしぎ

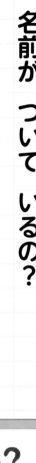

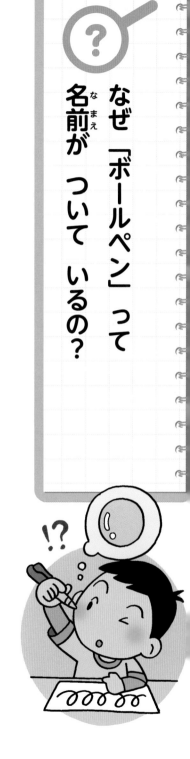

ボールが　あるから、ボールペンは　字《じ》が　書《か》けるのです。ボールの　上《うえ》には、インクの　入《はい》った　細《ほそ》い　くだが　ついて　います。ねばり気《け》が　強《つよ》い　インクは、ふだんは　ボールから　もれる　ことは　ありません。でも、ボールの　回《かい》てんした　しんどうなどが　インクに　つたわると、ボールに　くっつく　しくみに　なって　います。

字《じ》を　書《か》く　とき、ボールは　紙《かみ》の　上《うえ》を　ぐるぐると、ころがります。ボールが　ころがると　インクが　紙《かみ》にくっつくので、字《じ》が　書《か》けるのです。
ボールの　大《おお》きさが　大《おお》きいと、
文字《もじ》は　太《ふと》く　なります。
さて、字《じ》を　書《か》くと、ボールは
紙《かみ》の　上《うえ》を　たくさん
ころがります。たとえば、
ボールの　大《おお》きさが　やく〇・五《れいてんご》
ミリメートルの　場合《ばあい》、

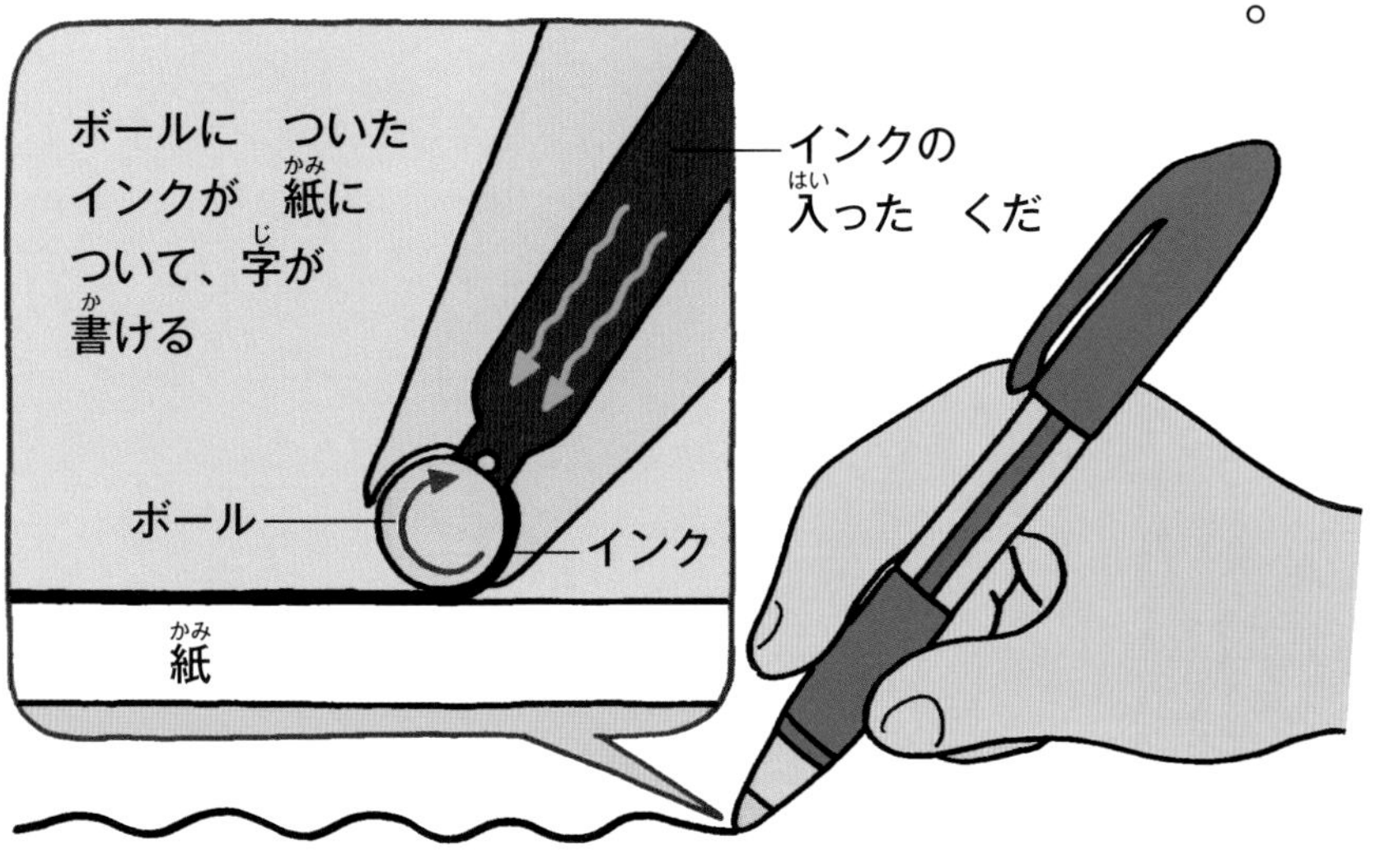
ボールに　ついた
インクが　紙《かみ》に
ついて、字《じ》が
書《か》ける
インクの
入《はい》った　くだ
ボール
インク
紙《かみ》

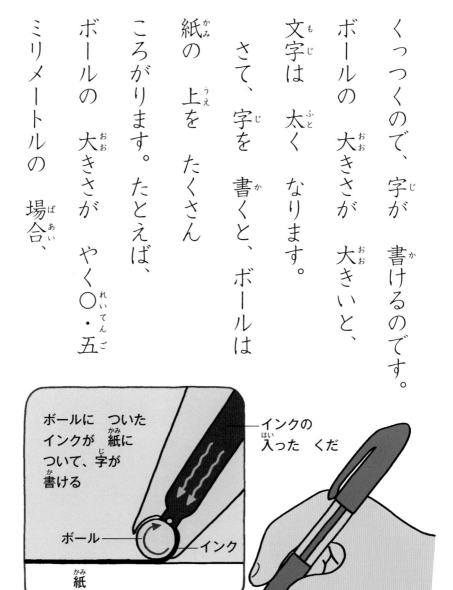

十《じっ》センチメートルの　長《なが》さの　線《せん》を　引《ひ》くのに、なんと
ボールは　六十回《ろくじっかい》てんくらい　するのです。
ボールは　とても　小《ちい》さいので、わたしたちには
ボールの　うごきは　見《み》えません。でも、わたしたちが
アリくらいの　大《おお》きさに　なったら、
ボールが　ころがって　いるのが
見《み》える　はずですよ。

ゆげって　なに？

おふろの　おゆから、白《しろ》い　けむりみたいな　ものが　もくもくと　出《で》て　います。これを　わたしたちは　「ゆげ」と　よんで　います。あつあつの　ラーメンからも、ゆげが　もくもく。魚《さかな》を　やいた　ときに　出《で》る　「けむり」とは　ちがいますね。ゆげは　すぐに

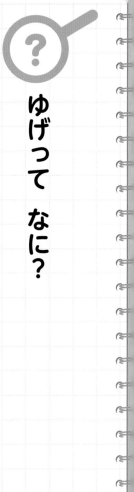

きえますが、けむりは　広《ひろ》がって　うすく　なっても、
なかなか　きえません。ゆげって　なんなのでしょう？
おなべに　水《みず》を　入《い》れて、火《ひ》で　あたためると、どんどん
ゆげが　出《で》て　きます。ずーっと　火《ひ》で　あたためて
いると……　水《みず》が　少《すく》なく　なって　います！　なくなった
水《みず》は、どこに　いったのでしょうか？
じつは、水《みず》は　あたためられて、「水《すい》じょう気《き》」と　いう
目《め》に　見《み》えない　ガスに　なって、おなべの　外《そと》に　出《で》て

いったのです。でも、ゆげは
目《め》に　見《み》えるので、
水《すい》じょう気《き》では　ありません。
ゆげは、水《すい》じょう気《き》が　まわりの
空気《くうき》に　ひやされて、水《みず》の　つぶに
もどった　ものなのです。
ところで、さむい　日《ひ》に、いきが
白《しろ》く　見《み》える　ときが　ありますね。

みちかな
ふしぎ

口《くち》から　出《で》た　あたたかい　いきの　中《なか》に　ある
水《すい》じょう気《き》が、つめたい　空気《くうき》に　ひやされて、小《ちい》さな
水《みず》の　つぶに　なった　からです。とても　さむい
地《ち》いきでは、こおりの　つぶに　なる　そうです。
こおりに　なったり、水《すい》じょう気《き》に
なったり、水《みず》は　すがたを　かえるのが
とくいなのですね。

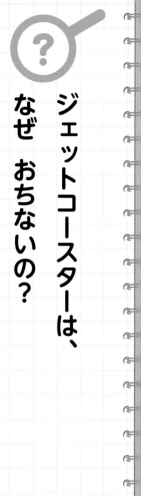

ジェットコースターは、なぜ　おちないの？

みんなが　大《だい》すきな　ゆう園《えん》地《ち》。どの　のりものが　いちばん　すきですか？　もしかしたら、スリルの　ある　ジェットコースターが　いちばん！　って　いう　人《ひと》も　いるかも　しれませんね。

ビューンと　すごい　いきおいで　走《はし》って　きて、レールの

上《うえ》を　のぼったり、おりたり　する　ジェットコースター。わのように　なった　レールを、さかさまに　走《はし》る　ものも　あります。でも、どうして　さかさまに　なっても　おちないんでしょうね？

たとえば、バケツに　水《みず》を　入《い》れて、ぐるぐると　回《かい》てんさせたら、どう　なるでしょうか。ゆっくり　回《まわ》すと、水《みず》は　こぼれて　しまいますが、いきおいよく　回《まわ》すと、水《みず》は　こぼれません。ものが　回《かい》てんする　ときには、回《かい》てんの

中心《ちゅうしん》に　むかう　力《ちから》が
はたらきます。しかし、その
力《ちから》よりも　ものが　前《まえ》に
すすもうと　する（回《かい》てんする）
力《ちから》の　ほうが　大《おお》きいと、水《みず》は
こぼれないのです。このとき、
中心《ちゅうしん》から　外《そと》に　むかって
はなれて　いくように　かんじる

力《ちから》を　わたしたちは　「遠心力《えんしんりょく》」と　よんで　います。

ですから、もし、ジェットコースターの　スピードが

おそかったり、止《と》まって　しまったり　すると、バケツの

水《みず》と　同《おな》じで、下《した》に　おちて　しまう　はずです。それでは

きけんな　ため、もしもの　ときに　そなえて、車《しゃ》りんと

レールの　あいだには、はずれて　しまわないような

あんぜんそうちも　ついて　います。

だから、あんしんして　スリルを　楽《たの》しめるんですね。

水《みず》の　中《なか》で　からだが　かるく　なるのは　なぜ？

およぎが　にが手《て》な　人《ひと》でも、プールの
中《なか》で　とびはねると、りくの　上《うえ》よりも　フワフワと
からだが　かるく　かんじませんか？　水《みず》の　中《なか》でなら、
お友《とも》だちを　かるがると　だっこする　ことも　できます。
どうして、水《みず》の　中《なか》では、からだや　ものが、かるく

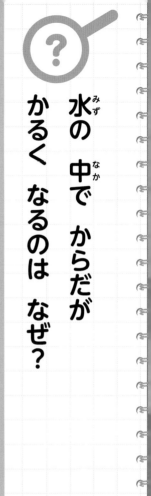

かんじるのでしょうか？
これは、水《みず》の　はたらきに　よる　ものです。水《みず》には、水《みず》の　中《なか》の　ものを　もち上《あ》げようと　する　力《ちから》が　あります。このような　力《ちから》を　「ふ力《りょく》」と　いいます。
おゆが　いっぱいに　入《はい》った　おふろに　ザブンと　入《はい》ると、どう　なりますか？　からだが　入《はい》った　分《ぶん》だけ　おゆが　ザザーッと　こぼれますよね。
水《みず》が　いっぱい　入《はい》って　いる　ところに、よ分《ぶん》な

ものが　入《はい》ったのですから、
その分《ぶん》、水《みず》が　こぼれるのは
当《あ》たり前《まえ》ですよね。つまり、
おふろに　入《はい》った　とき、
こぼれた　おゆの　りょうが、
入《はい》った　人《ひと》の　からだと　同《おな》じ
りょうに　なるのです。そして、
この　こぼれた　おゆの

みぢかな ふしぎ

おもさの　分《ぶん》だけ、からだが　かるく　なったように
かんじて　いるのです。これが　ふ力《りょく》の　はたらきなのです。
この　せいしつを　はっ見《けん》したのは、大《おお》むかしの
ギリシャに　すんで　いた　アルキメデスと　いう　人《ひと》です。
おふろに　入《はい》って　いる　ときに　はっ見《けん》しました。
そのとき　アルキメデスは、「わかった！」と　さけぶと、
はだかで　町《まち》に　とび出《だ》しちゃったんですって。

東京《とうきょう》スカイツリーは、なんの　ために　つくったの？

東京《とうきょう》スカイツリーは、二〇一二年《ねん》に　かんせいした　日本一《にほんいち》　高《たか》い　タワーです。高《たか》さは　六百三十四《ろっぴゃくさんじゅうよん》メートル。どうして、こんなに　高《たか》い　タワーが　つくられたのでしょう？　それは、おもに　テレビや　ラジオの　電波《でんぱ》を　おくる　ためです。東京《とうきょう》スカイツリーの

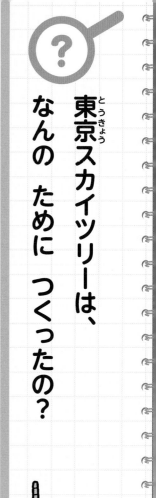

いちばん　高《たか》い　ところに　ある　「ゲインとう」には、よく　見《み》ると　長細《ながほそ》い　つぶつぶが　びっしりと　ついています。この　ひとつひとつが、じつは　アンテナなのです。一《ひと》つの　サイズは、たて　一《いち》・五《てんご》メートル、よこ〇《れい》・五《てんご》メートル。ぜんぶで　六百四十《ろっぴゃくよんじっ》こも　あります。

電波《でんぱ》は　目《め》には　見《み》えませんが、空中《くうちゅう》を　とんで　いく電気《でんき》の　波《なみ》です。大《おお》きな　たてものや　山《やま》が　あると、この電波《でんぱ》が　通《とお》らなく　なって　しまうため、高《たか》い　場《ば》しょから

おくる　ほうが　よいのです。
それまでは、一九五八年《ねん》に
たてられた　東京《とうきょう》タワー（高《たか》さ
三百三十三《さんびゃくさんじゅうさん》メートル）が　その
やくわりを　して　きました。
しかし、東京《とうきょう》に　高《たか》い　ビルが
たくさん　たてられた　ため、
もっと　高《たか》い　タワーが

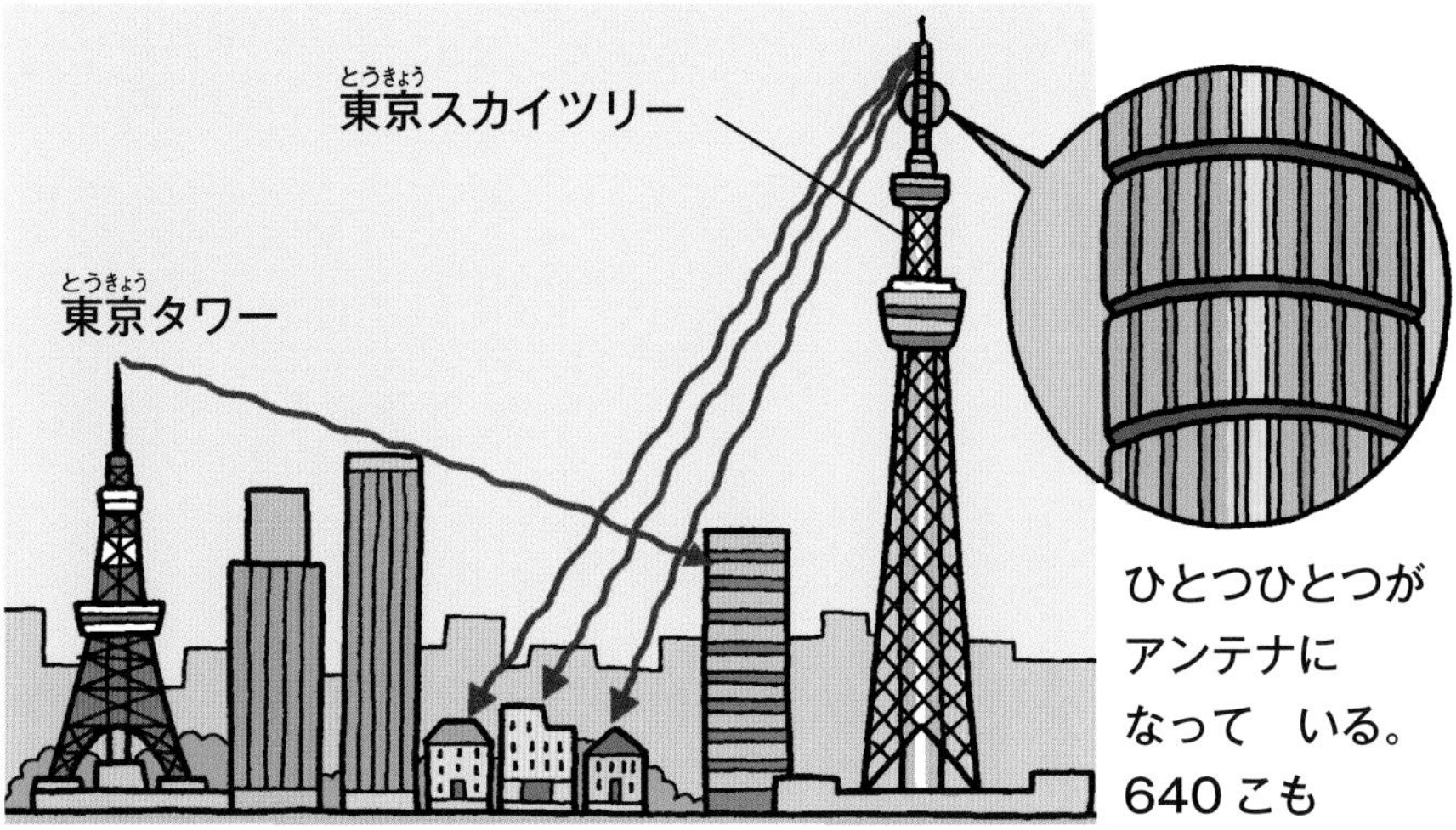
東京《とうきょう》スカイツリー
東京《とうきょう》タワー
ひとつひとつが
アンテナに
なって　いる。
640こも
あるよ

ひつように　なったと　いう　わけです。
東京《とうきょう》スカイツリーの　三百五十《さんびゃくごじゅう》メートルの　ところと、四百五十《よんひゃくごじゅう》メートルの　ところには、かん光用《こうよう》の　てんぼう台《だい》があります。タワーの　下《した》には　「東京《とうきょう》スカイツリータウン」と　よばれる　町《まち》が　あって、水《すい》ぞくかんや　プラネタリウム、いろいろな　お店《みせ》や　レストランなどが　あります。
電波《でんぱ》とうだけで　なく、東京《とうきょう》の　シンボルと　なるような　かん光《こう》スポットでも　あるのです。

時計《とけい》の　はりは、どうして　右回《みぎまわ》りなの？

かべかけ時計《どけい》や、うで時計《どけい》、目《め》ざまし時計《どけい》など、いろいろな　時計《とけい》が　ありますよね。だけど、はりのついて　いる　時計《とけい》は　みんな　右回《みぎまわ》り。いったい、どうして　時計《とけい》の　はりって　右回《みぎまわ》りなんでしょうね。

それは、時計《とけい》の　はじまりに　かんけいが　あるんです。

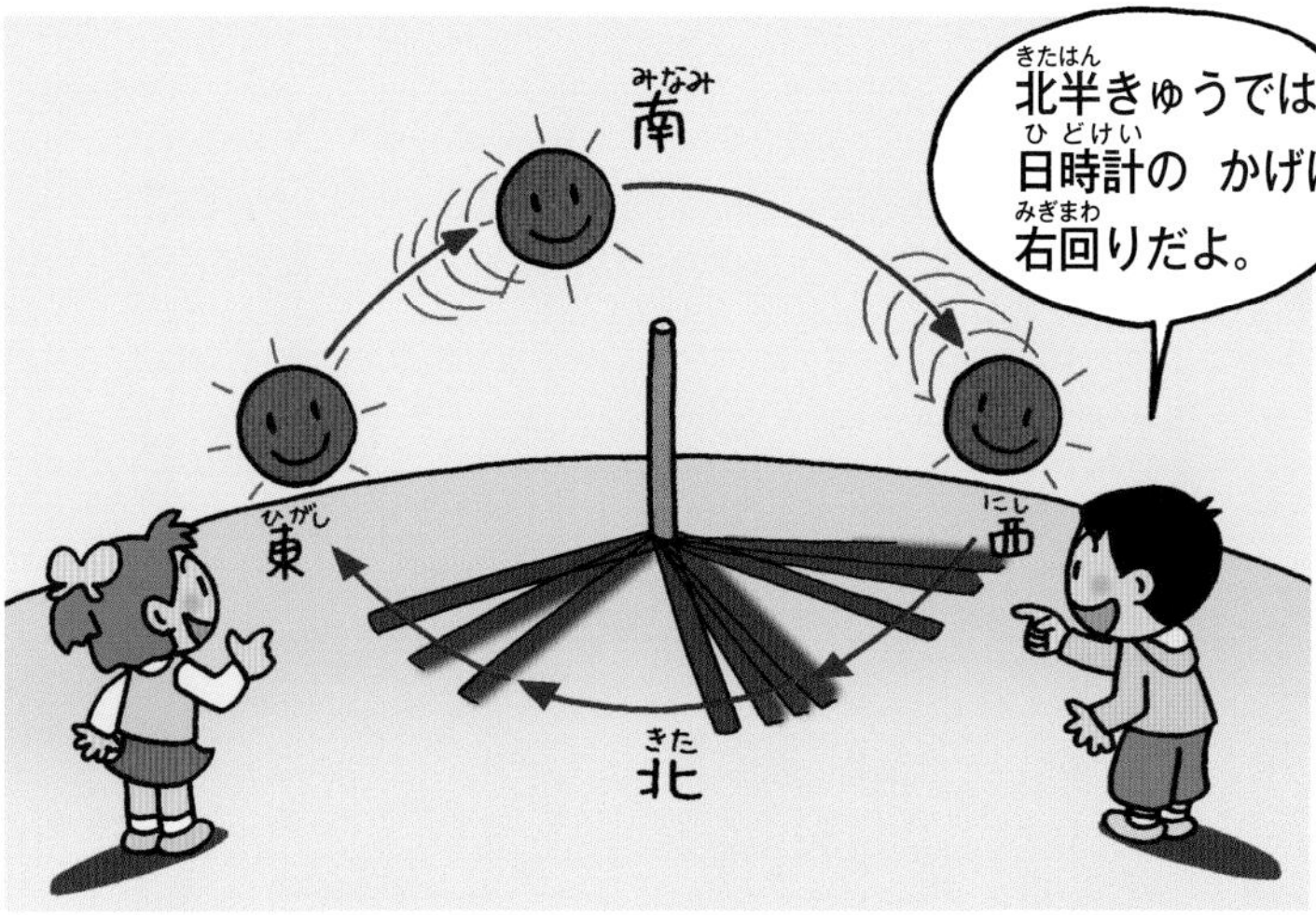

みなさんは、「日時計《ひどけい》」って　知《し》って
いますか？　今《いま》から　五千年《ごせんねん》ほど前《まえ》、
さいしょに　つくられた　時計《とけい》が
「日時計《ひどけい》」でした。
地《じ》めんに　まっすぐに　ぼうを
立《た》てて、太《たい》ようの　光《ひかり》に　よって
できる　かげで　時《じ》こくが　わかる
時計《とけい》です。

太《たい》ようは　東《ひがし》から　出《で》て　きて、南《みなみ》の　空《そら》を　通《とお》って
西《にし》に　しずみます。その　ときの　太《たい》ようの　かげは
右回《みぎまわ》りに　うごきます。今《いま》の　時計《とけい》は、この　「日時計《ひどけい》」を
もとに　つくられました。だから、はりも　右回《みぎまわ》りなのです。
ところで　「北半《きたはん》きゅう」と　「南半《みなみはん》きゅう」って　知《し》って
いますか。地《ち》きゅうは　丸《まる》い　ボールのような　形《かたち》を　して
います。その　北《きた》がわの　半分《はんぶん》を　北半《きたはん》きゅう、南《みなみ》がわの
半分《はんぶん》を　南半《みなみはん》きゅうと　いいます。

みぢかな
ふしぎ

じつは　南半《みなみはん》きゅうでは、日時計《ひどけい》の　かげは　左回《ひだりまわ》りにうごくのです。ただ、日時計《ひどけい》がはつ明《めい》された　ころ、文明《ぶんめい》のすすんだ　国《くに》の　多《おお》くは、北半《きたはん》きゅうに　あったため、右回《みぎまわ》りが　つかわれるようになったと　いう　ことです。

しゃしんを　とる　とき、どうして「はい、チーズ」って　いうの？

みなさんは、しゃしんを　とる　ときに　なんていいますか？　よく　大人《おとな》の　人《ひと》が　しゃしんを　とってくれる　ときに「はい、チーズ！」と　いって　いるのを聞《き》いた　ことが　あるでしょう。これは、じつは　せかいのたくさんの　国《くに》で　つかわれて　いる、ゆう名《めい》な

かけ声《ごえ》なのです。でも、どうして「チーズ」なんて
いうのでしょうね。
それでは、かがみを　見《み》ながら「チーズ」と　いって
みて　ください。「チー」の　ときに、口《くち》の　形《かたち》が　左右《さゆう》に
広《ひろ》がって、わらって　いるように　見《み》えませんか？
この　ときに　しゃしんを　とると、にっこりと　わらって
いるように　見《み》えると　いう　わけです。うつって　いる
人《ひと》が　むすっと　して　いるより、にっこりした　えがおの

しゃしんの　ほうが　いいですからね。
もともと、アメリカ人《じん》など　えい語《ご》を
話《はな》す　人《ひと》たちが　しゃしんを　とる
ときに　つかった「セイ、チーズ！」
（「チーズと　いって　ごらん」と
いう　いみです）を　まねて　日本《にほん》でも
いうように　なりました。
「はい、チーズ！」と　同《おな》じような

かけ声《ごえ》で、「1たす　1は？」と　いう　ものも　あります。
1たす　1は　2ですよね。だから、しゃしんを　とる
人《ひと》が「1たす　1は？」と　聞《き》くと、とられる　人《ひと》は
「2(に－)」と　答《こた》えます。この　ときの　口《くち》の　形《かたち》が、
やっぱり　わらった　ときの　形《かたち》に　なって　いるのです。
みなさんも、しゃしんを　とる　ときに、えがおに
なるような、新《あたら》しい　かけ声《ごえ》を　考《かんが》えて　みて　ください。

どうして　石《せっ》けんで　よごれが　おちるの？

手《て》や　ふくに　ついた　よごれは、からだから　出《で》る
あせや　あぶらに、ちりや　ほこりなどが　ついた　ものです。
これを　水《みず》だけで　おとそうと　すると、水《みず》に　とけやすい
よごれは　おちるけれど、あぶらと　まざり合《あ》った
よごれは　なかなか　おとす　ことが　できません。水《みず》と

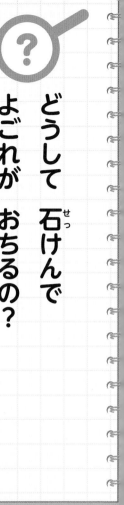

あぶらは、とても　まざりにくい
せいしつを　もって　いる　ため、
水《みず》で　ながそうと　しても
おたがいに　はじき合《あ》って
しまうからです。
ところが、石《せっ》けんを　つかうと、
石《せっ》けんの　せい分《ぶん》が　水《みず》と　あぶらの
りょう方《ほう》に　まざり合《あ》って、あぶらの

水《みず》
あぶら
よごれ
水《みず》
あぶら
石《せっ》けん
ぼく、かいめん活《かっ》せいざい。水《みず》とあぶらをいっしょにつれていっちゃうよ!

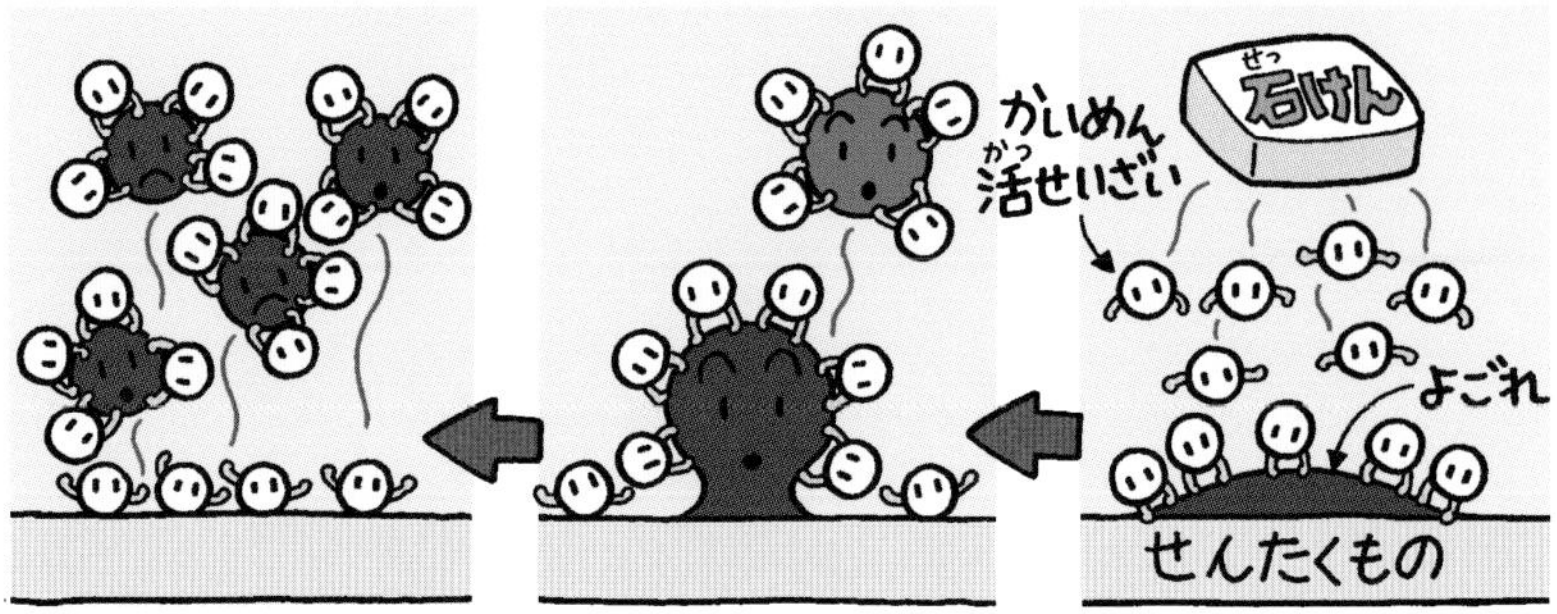

よごれに　くっついて　まざり合《あ》う

よごれを　引《ひ》き　はがす

よごれを　細《こま》かく　する

よごれも　あらいおとす　ことが　できます。この　水《みず》と　あぶらの　りょう方《ほう》に　まざり合《あ》う　せい分《ぶん》を　「かいめん活《かっ》せいざい」と　いいます。たくさんの　かいめん活《かっ》せいざいに　とりかこまれた　よごれは、手《て》や　ふくなどから　引《ひ》きはなされて、水《みず》と　いっしょに　ながされます。

●監修／荒俣 宏（作家、博物学者）

1947年、東京生まれ。博物学の本を中心に、世界中の本を収集し、生物学、歴史、妖怪などあらゆる分野の知識に長ける。世界のさまざまな「ふしぎなもの、びっくりするもの、すごいもの」を本や雑誌、テレビなどで広く紹介している。生物のなかでは、とくに海の生物を愛する。著書に『世界大博物図鑑』（平凡社）、『帝都物語』（角川書店）、『アラマタ大事典』『アラマタ生物事典』（講談社）など。

●本文指導

からだのふしぎ／橋本尚詞（東京慈恵会医科大学客員教授 特別URA）
どうぶつのふしぎ／田村典子（森林総合研究所多摩森林科学園 研究専門員）
しょくぶつのふしぎ／可知直毅（東京都立大学 学長特任補佐）
こん虫のふしぎ／林 文男（東京都立大学理学研究科 客員研究員）
地きゅう・うちゅうのふしぎ／縣 秀彦（国立天文台天文情報センター 准教授）
みぢかなふしぎ／山村紳一郎（サイエンスライター・和光大学 非常勤講師）

●表紙イラスト／なお みのり
●カバー・本文デザイン／デザインわとりえ（藤野尚実）
●本文イラスト／YUU、いずもり・よう、菅原紫穂、ひろゆうこ、高橋正輝
●企画／成美堂出版編集部
●編集／河合佐知子、園田千絵、山田ふしぎ、泉田賢吾、小学館クリエイティブ（伊藤史織）

※本書は、弊社から2012年に刊行された『10分で読めるわくわく科学 小学1·2年』の内容を一部修正のうえカラー化し、カバーと表紙を変更したものです。

カラー版 10分で読めるわくわく科学 小学1·2年

監 修 荒俣《あらまた》 宏《ひろし》
発行者 深見公子
発行所 成美堂出版
〒162-8445 東京都新宿区新小川町1-7
電話(03)5206-8151 FAX(03)5206-8159
印 刷 共同印刷株式会社

ISBN978-4-415-33378-6
落丁·乱丁などの不良本はお取り替えします
定価はカバーに表示してあります